時間はどこから来て、なぜ流れるのか？

最新物理学が解く時空・宇宙・意識の「謎」

吉田伸夫　著

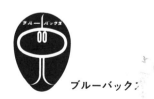

ブルーバックス

装幀／芦澤泰偉・児崎雅淑
カバーイラスト／星野勝之
本文デザイン／相京厚史（next door design）
本文図版／豊国印刷株式会社

はじめに——時の流れとは

「時間が経つ」あるいは「時が流れる」とは、どういうことだろうか？
目の前に置かれた時計を見つめている自分を想像していただきたい。時計の針が、3時ちょうどを指しているのを見たとしよう。そのままじっと時計を見つめていると、秒針がゆっくりと一周し、長針がわずかに進んで、3時1分を指すのが見える。さらに見つめ続けると、やがて針は3時2分を、続いて3時3分を指す。

時計を見ている人にとって、針がある時刻を指すのを目にする場合、その時刻だけがリアルな瞬間だと感じられる。針が3時2分を指しているならば、3時1分を指す光景は過去の記憶であり、3時3分を指すことは未来の予測である。どちらも、3時2分を示す時計を目の当たりにしている「いま」のようなリアリティは感じられない。時計を見つめ続けると、時計の針は、しだいに、その後の時刻へと動いていく。この状況を素朴に解釈すると、眼前の時計が示す「いま」の時刻が、後へ後へと移動していくことを表すようにも思われる。

さて、ここで考えていただきたい。こうした「時の流れ」は、意識の外にある物理世界においても、客観的な出来事として起きているのだろうか？　言い換えれば、「時の流れ」は物理現象なのか――という問題である。

ニュートンの時間観

古典力学を大成したニュートンは、１６８７年に著した『自然哲学の数学的諸原理（プリンキピア）』の冒頭で、質量や運動量などの物理量が何を意味するか、明確に定義を述べた。だが、時間については、空間や位置、運動などと同じく、誰もがよくわかっていることだとして、あえて物理学的な定義を与えていない。他の定義を列挙した後の「注解」で、

「絶対的な、真の、数学的な時間は、それ自身で、そのものの本性から、外界のなにものとも関係なく、均一に流れ、別名を持続《ドウラチオ》ともいいます」

『世界の名著　26　ニュートン』（責任編集・河辺六男、中央公論社、１９７１）65頁

と述べるにとどめた。

誰もがよくわかっていると言いながら、時間に関するニュートンの説明はひどく曖昧で、かえって混乱を助長するばかりである。「そのものの本性」とは何か？　「均一に流れ（る）」と主張

する根拠はあるのか？　一言ごとに突っ込みを入れたくなる。

自然に対するニュートンの見方を理解するためには、「原子論」というキーワードを押さえておくべきだろう。

中世ヨーロッパを席巻したアリストテレス哲学では、「自然は真空を嫌う」という表現に示されるように、何もない空っぽの領域があることが否定された。地球近くの空間には、土や水など4種類の元素があまねく拡がっており、こうした元素が凝結することで物質が形作られるという。月より遠い宇宙空間になると、土や水はなく、代わりに、エーテルと呼ばれる第5元素が星々を構成すると見なされた。

真空を否定する発想は、17世紀の哲学者デカルトにも受け継がれる。彼は、宇宙空間を満たすエーテルの渦に流される形で、惑星が太陽の周りを回ると考えた。

こうした考え方に真っ向から反対したのが、デカルトより半世紀遅れて生を受けたニュートンだった。ニュートンによれば、宇宙空間は何もない空っぽの真空であり、太陽と惑星は、媒質なしに空間を飛び越えて作用する重力を及ぼし合う。光ですら、真空中を飛び回る粒子と見なされた。明確に述べてはいないものの、あらゆる物理現象は、真空中を動く原子の振る舞いによるものと考えていたようである。

ところが、原子論の考え方を徹底すると、どうしても理解できないことが出てくる。すべての原子を取り除いた後に、何が残るのか——という問題である。原子が1個もない真空が存在するという発想は、「何もないものが存在する」という自己矛盾に陥らないのだろうか？　あるいは、原子がなく何ら変化が起きない場合、時間が経過すると言えるのだろうか？　原子論の立場から空間や時間について具体的に語ろうとしても、明確にできないことが多すぎて話が進まない。

ニュートンは、こうした問題を形式論で割り切ろうとしたのだろう。物質を取り除いた後に残される空間や時間が何かを、具体的に語ることはしない。これらは、運動の記述に必要な形式なのであり、議論を始めるための前提として「わかったこと」にするしかないのである。

場の理論の台頭

物質の構成要素として原子を想定するという意味での原子論は、20世紀初頭までに確立されたと言えるだろう。しかし、ならばニュートン流の原子論的な世界観が認められたのかというと、そうではない。むしろ、アリストテレスと同様に真空を認めず、あらゆる場所に物理的な現象を引き起こす実体が存在するという見方が台頭してくる。

「琥珀をこすると埃《ほこり》を引き付ける」「鉄を引き付ける岩石（磁鉄鉱）がある」といった現象は、紀元前から見いだされていた。これらが、日常生活ではあまり見かけない例外的・魔術的な出来事ではなく、電気・磁気という物理現象だと認識されるのは17世紀頃からだが、体系的な研究の対象になるのは、18世紀末に電池が発明されて以降である。

アンペールやファラデーらが実験を通じて明らかにしたのは、電気・磁気の担い手が、物質を構成する原子とは別個のもので、空間の全域に拡がっているという事実だった。こうした物理現象の担い手は、空間を隙間なく埋め尽くす一種の実体として、〝場（field）〟と呼ばれるようになる。

場は原子と異なり、空間から取り除くことができない――と言うより、場と空間は一体化しており、別々に考えることはできないのである。したがって、ニュートンのように、物理現象から切り離された形式的な空間を想定する必要はなく、場という物理現象の担い手を空間と同一視してもかまわない。

場の考え方は、当初は、電気・磁気の分野に適用されたが、しだいに、物理学全般にわたる基本的な方法論と見なされるようになる。

本書は何を目標とするか

空間が物理現象の担い手と同一視できる実体だとすると、時間はどうなるのだろう？　空間は実体だが時間は形式にすぎないのか？　時間の流れは現実に生起する物理的な出来事なのか？

実は、この問いに答えることが、本書の最大の目標である。結論を先に言ってしまえば、ニュートン流の時間観——時間は、外部から影響を受けることなく、宇宙全域で一様に流れるという見方——を否定し、場のアイデアに基づいて、それに代わる時間概念を提出することを試みる。

さて、本論に入る前に、読者にもう一度考えていただきたい。

「時間が経つ」あるいは「時が流れる」とは、どういうことだろうか？

本書の構成

本書は、時間の流れを巡って、大きく二つの部分に分けられる。時間の流れが物理的には存在しないことを明確にする第Ⅰ部と、それではなぜ時間が流れるように感じられるかを問う第Ⅱ部である。

「現在のない世界」と題された第Ⅰ部では、相対論における時間の特徴を、各章のタイトルとして掲げた三つの問いに答えるという形式で示した。

第1章では、どこからともなく物体に作用するかのようなニュートン力学の時間の曖昧さを、「時間はどこにあるのか」という形で問い直し、相対論の時間が、あらゆる場所に別々に存在することを述べる。また、第2章では、「現在」だけがリアルだとする常識的な見方を、「過去・現在・未来の区分は確実か」と批判する。さらに、相対論的な時間の特徴を最も明確に示すウラシマ効果について、第3章「ウラシマ効果とは何か」で、「観測者によって時間の流れが異なる」という、通俗的な解説書で用いられる言い回しを使わない説明を試みる。

第Ⅱ部「時間の謎を解明する」では、第Ⅰ部で示した相対論的な時間観に基づいて、時間に関わる問いに一つずつ答えていく。

第4章「時間はなぜ向きを持つか」は、過去から未来という方向性が、時間が物理的に流れているからではなく、時間の一方の端にあるビッグバンの特異性に起因することを示す。

ニュートン力学のような古典論では、時間経過による変化が微分方程式によって完全に決まるとされるが、こうした機械論的な自然観を否定するのが、第5章「「未来」は決定されているのか」、未来が方程式でがんじがらめになっていないことを使ってタイムパラドクスの解決法を提示するのが、第6章「タイムパラドクスは起きるか」である。

最後の第7章「時間はなぜ流れる（ように感じられる）のか」は、他の章とはやや毛色を異にした内容で、時間の流れが物理的な現象ではなく、意識の構造と関係することを論じる。

目次

第I部 現在のない世界

第2章

過去・現在・未来の区分は確実か

第3章

ウラシマ効果とは何か

第5章 「未来」は決定されているのか

第6章 タイムパラドクスは起きるか

第7章

時間はなぜ流れる(ように感じられる)のか

第 I 部

現在のない世界

この4次元的構造には〝現在〟を客観的に表現する部分はもはやどこにも存在しないために、事がどのように始まり、その先がどうなるかということは、確かに完全に不定であるということはないにしても、かなり入り込んだことになる。したがって、物理的実在というものを、これまでのようにある3次元的な存在の発展とする代りに、一つの4次元的な存在として考えることのほうがより自然であるように思われる。

アルベルト・アインシュタイン「相対性と空間の問題」

『アインシュタイン選集　3』（湯川秀樹・監修、共立出版）409頁

第1章 時間はどこにあるのか

■■■ 時間は、どこからともなく物体に作用するのではなく、あらゆる場所に別々に存在する。時間の尺度は、それぞれの場所におけるエネルギーによって異なっており、その違いは、原子振動のような周期的な物理現象を通じて測定できる。こうした時間の特徴は、アインシュタインの一般相対論によって明らかにされた。

2000年から2002年にかけて、時間とは何かを考える上で実に啓蒙的な実験が行われた。

実験を行ったのは、国立の研究機関である通信総合研究所（現在の情報通信研究機構）。きわめて精度の高いセシウム原子時計を用い、日本のすべての時計の基準となる日本標準時（JST）を決定・送信する機関である。セシウム原子時計による計時は世界各地で行われており、その結果を総合して国際度量衡局が協定世界時（UTC）を定める。日本標準時は、協定世界時を9時間進めたもの（UTC+9）になる。

一定のエネルギーを与えたセシウム原子は、1秒間に92億回振動する電磁波（正確に言えば、91億9263万1770ヘルツのマイクロ波）を放出する。この性質を利用したのがセシウム原子時計で、同じ条件で連続動作させたときの誤差は、1億年に1秒程度とされる。

東京都小金井市の研究所本部には、電磁シールドが施され温度・湿度が一定に保たれた特別な部屋に、複数台の原子時計が設置されており、その平均値を取ることで標準時が決定される。こうして決められた標準時は、標準電波によって日本各地に送信され、電波時計の時刻合わせに利用される。標準電波は、福島県のおおたかどや山と佐賀県－福岡県境のはがね山の山頂付近にある標準電波送信所から送信される。

標高84メートルの小金井本部に対して、おおたかどや山送信所とはがね山送信所の標高差は、それぞれ710メートルと816メートルある。そこで、送信所の施設整備や新規開局のために小金井本部から原子時計を運ぶ機会を利用して、標高差が原子時計の進み方にどの程度の影響を与えるかを調べる実験が行われた。

時計の進み方は、小金井本部と各送信所のそれぞれにおいて、数十日程度が経過する間に、基準とする標準時（この実験では、主に、国際度量衡局が管理する協定世界時を利用）と比べることによって調べられた。

例えば、実験に用いられた5台の原子時計の一つは、小金井本部での65日間に、標準時に対して1日あたり1億分の1・6秒という一定の割合で遅れていた（遅れは一定なので、狂いと言うよりも、この時計の特性である）。ところが、はがね山送信所に移設した後の35日間には、遅れる割合が1日あたり1億分の0・6秒に変化した。つまり、標高が高くなると、それまでより早く進むようになったのである。

5台の時計のどれもが、標高が低いほどゆっくりと、高くなるにつれて早く進んだ。セシウム原子から放出される電磁波の振動回数で言うと、小金井本部に対する変化の割合は、おおたかどや山送信所で100兆分の8（小金井なら100兆回振動するはずのところが100兆8回になる）、はがね山送信所で100兆分の13だった。

原子スケールの現象と時間

場所によって時計の進み方が異なると聞くと、ふつうは、時計が狂うことだと考えるだろう。最近は、標準電波を受信したり、正確な時刻を提供する時刻サーバにネット接続して、自動的に時刻補正を行う時計が増えたので、時計の狂いをあまり気にしなくて済むようになった。だが、古い機械式時計は、ごく当たり前のように、1日数秒程度は遅れたり進んだりしていた。機械式時計の場合、金属バネと脱進機《だっしんき》（歯車の回転速度を調整する装置）を組み合わせて一定の割合で針を進めるものなので、汚れが付着して摩擦力が変化すると、すぐに進み方がおかしくなる。金属部品の摩耗や帯磁、熱膨張も、時計を狂わせる原因となる。

しかし、原子時計に、機械式時計と同じような狂いが生じるのだろうか？　原子時計の場合、時を刻む心臓部に機械部品はないので、汚れの付着や部品の摩耗は無視できる。また、電磁場の影響は、シールドによって防げる。

無視できないのが、温度変化である。今回の実験では、原子時計を運搬する際、トラックに積載し連続動作をさせながら移動した。東京－おおたかどや山間の移動には3〜5時間、1000キロメートル以上ある東京－はがね山間の移動には2日を要する。この間の温度変化は、時計の進み方に影響を与えたのだろうか？

実験に使用された原子時計の場合、温度による振動数シフトは、カタログに示されたスペックによると、温度変化1度あたり1000兆分の1・8程度。運搬には温度管理されたトラックを利用しており、運搬前後での温度変化はたかだか2度なので、温度変化の影響は充分に小さいはずである（ただし、2001年6月に行われたはがね山送信所への運搬では、道路が不通になって途中から引き返すなどの悪条件が重なり、かなりの温度変化が生じたようで、実験誤差が予想よりも大きくなった）。

そのほかの原因による誤差も充分に小さいと見積もられるため、時計の進み方を変化させたのは、標高差以外にない。標高差と言っても、気圧は原子時計の進み方に影響を与えないことがわかっており、考えられるのは重力の影響だけである。標高が高く、その分だけ重力が弱い地点では、原子から放出される電磁波の振動数が大きくなるのである。

機械式時計の狂いは、汚れや摩耗などのせいで速度の調整装置が設計通りに動作せずに、「時計が示す時間」と「真の時間」の間に乖離《かいり》が生じたものと解釈できる。真の時間は、より正確な別の時計、例えば、クォーツ時計によって調べることができる。

これに対して、原子時計では、原子から放出される電磁波の振動数がシフトする。部品が設計とは異なる動作をしたわけではなく、根底にある物理現象そのものが変化したことを示す。製品化された原子時計を使用した通信総合研究所の実験では、標高差が約100メートルある二つの送信所間で振動数の違いが検出されたが、1個の原子を測定対象とする別の精密実験によると、原子から放出される電磁波の振動数シフトは、数十センチメートルの高度差で生じることが確認されている（原子を用いた実験に関しては、第2章冒頭で紹介する）。

原子スケールで起きる振動現象の場合、重力がほんの少し異なるだけで、周期や振動数が変化する。と言うことは、地球に存在するすべての原子時計は、設置された場所ごとに、わずかずつ違う時刻を示すはずである。この現象は、どのように解釈すべきだろうか？

時計で時を計る

ニュートンのアイデアによれば、宇宙全域に一様に時が流れるとされる。場所によって時計が異なる時刻を示す現象は、ニュートン流の時間観に従う限り、個々の時計が狂って真の時間からずれたことを意味する。しかし、原子スケールで生じる振動現象の周期がずれる場合、単純に時計の狂いとは考えにくい。

仮に、時計が示す時間とは異なる「真の時間」があるとしても、原子時計ですら計れない時間の存在は、どのようにすれば実証できるのか？　いかなる方法でも存在が実証できないのならば、そもそも、そんな時間は存在しないと言うべきではなかろうか？

こうした疑問に対しては、アインシュタインが、1905年に発表した特殊相対論に関する論文の中で、実に明快な回答を与えている（相対論については、第2〜3章で説明をする）。論文での表現は回りくどいので、要点だけをパラフレーズすると、「時間とは、その場所にある時計で計られるもの」という定義である。

「時計で計る」と聞くと、時計を見る人間が必要だと思うかもしれないが、そうした観測者の存在は本質的ではない。重要なのは、時計を作動させる物理現象によって、場所ごとに時間の尺度が与えられるという考え方である。ニュートンの時間は、どこからともなく物体に作用して変化を促すようであり、捉えどころがない。これに対して、アインシュタインの時間は、ある場所での物理現象という明確な存在基盤を持つ。

19世紀末から20世紀初頭にかけて、原子スケールで何らかの振動が生じるという見方が強まっていた。アインシュタイン自身、1907年に、結晶内部の原子振動に基づいて比熱の公式を導く論文を発表している。彼はおそらく、機械式時計のような人工物ではなく、原子振動などの物理現象を直接利用した、狂いのない時計の可能性を念頭に置いていたのだろう。

アインシュタインによる時間の定義を採用すると、重力の強さによって原子時計の進み方が異なるという実験事実から、重力の異なる場所ごとに別々の時間が存在すると結論される。宇宙空間では、周囲に存在する天体からの距離に応じて重力が連続的に変化するので、少しでも場所を変えると重力の強さが異なり、それに応じて時間の進み方も変化する。したがって、宇宙空間のあらゆる場所には、別々の時間が存在するはずである。

尺度の起源

「ある場所での物理現象が、時間の尺度を決める」という主張が何を意味するか、もう少し掘り下げていく。もっとも、時間はイメージしにくいという難点があるので、少し回り道をして、空間における尺度を考えることから始めよう。時間の尺度については、空間の尺度を取り上げた後で、議論したい。

アインシュタインは、時間が「時計で計られるもの」であるのと同じように、空間を「物差しで測られるもの」と定義した。そこで考えなければならないのは、「物差しが、尺度として使えるような決まった大きさを持つのはなぜか」という問いである。

多くの人は、物体が決まった大きさを持つのは当たり前すぎて、なぜそんなことを問題とするのかわからないと思うだろう。大きさという概念自体、何を意味するかは自明で、改めて問い直そうと思わないのがふつうである。

それでは、科学の分野では、大きさはどのように扱われるのか？ 数学的な議論の場合、大きさという概念は定義せずに用いられることが多い。ユークリッド幾何学では、線を「幅のない長さ」と定義するが、「幅や長さとは何か」について明確な説明はない。

現代的な幾何学では、すべての点に座標を付与した上で、2点間の距離を座標の関数として表す。ただし、座標や距離は純粋に抽象的な量として扱われ、具体性に欠ける。物体の大きさと結びつけるためには、座標を表す数直線を「等間隔に目盛りがつけられた物差し」のような物体のイメージに置き換えなければならない。

物体の大きさについて明確な説明ができるのは、原子スケールの現象を扱う物理学だけである。このことは、金属製の物差しを例に取るとわかりやすい。物差しが一定の大きさを持つの

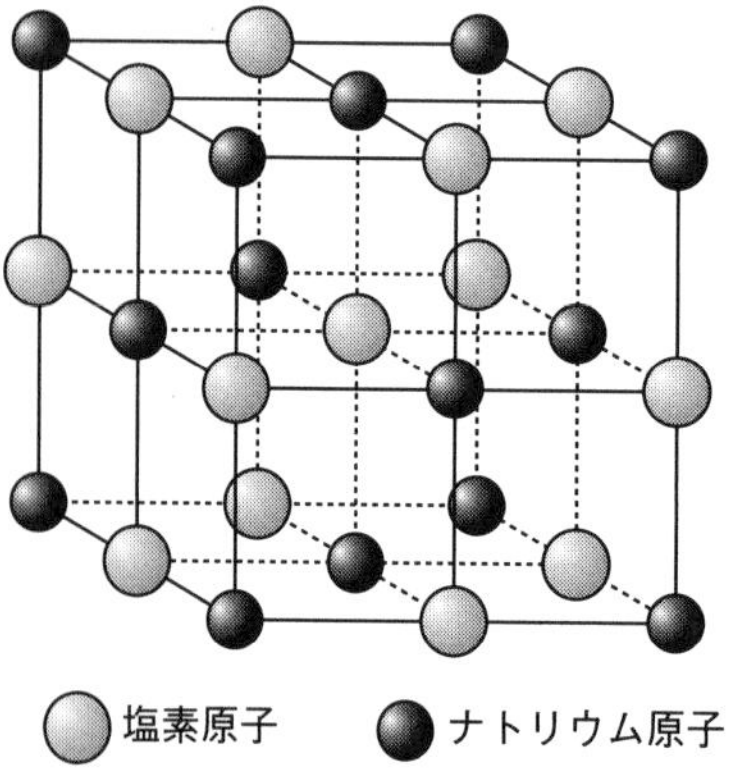

図1-1　塩化ナトリウムの結晶

は、これが金属結晶からできているからである。

金属や塩《えん》などの結晶とは、原子が整然とした幾何学的な配置を取って並んでいる物質である。例えば、塩化ナトリウムの結晶では、空間の三つの方向に、塩素原子（教科書的に言えば塩素イオンだが、イオンと原子をいちいち区別するのは煩わしいので、ここでは原子と呼ぶことにする）とナトリウム原子が、100億分の2・8メートルという間隔で互い違いに並ぶ（図1－1）。濃い食塩水をゆっくり蒸発させると、肉眼で見える大きさの塩化ナトリウム結晶が析出することがあるが、直方体の形をした結晶の1辺には、1ミリメートル当たり300万個以上もの原子が詰まっている。

ここで重要なのが、原子と原子の間隔が定まった値になることである。原子間隔が定まっているので、結晶の大きさは、原子が何個あるかによって決まる。もし原子間隔が不定で、外部からわずかに力を及ぼすだけで簡単に圧縮・膨張させられるならば、「結晶の大きさ」という概念は、「ガスの大きさ」と同様に、意味を持たないだろう。現実世界において、特定の原子配列を持つ純粋な結晶は、温度によるわずかな変化を別にすると、ほとんど圧縮・膨張をしない。このため、温度を決めたときの密度は、その結晶に固有の定数となる。

それでは、結晶で原子間隔が一定になるのは、なぜだろうか？ アインシュタインが相対論を構想した時点では、まだ明らかにされていなかったが、現代物理学の知見によると、このとき本質的な役割を果たすのが、「量子効果」である。

原子スケールでの現象は、量子論という物理学理論で記述される。量子論に基づく現象は、ニュートンの力学のような古典論とは全く異なる性質を示すが、そうした非古典論的な効果が量子効果と呼ばれる。量子論については第5章で解説するので、ここでは簡単に、「原子スケールの物体が波として振る舞う」のが量子論の特徴だと言っておこう。

原子は、プラスの電荷を持つ原子核（陽子と中性子という2種類の粒子が固く結合したもの）と、その周囲に存在する電子（マイナスの電荷を持つ素粒子）から構成される。電子は原子核に比べて遥かに軽く、素早く動き回る。結晶で原子が整然と並ぶのは、ごく単純化して言えば、原子核の間を動き回る電子が、波として振る舞う結果である。

波としての振る舞いが幾何学的な配置を実現することは、メガネなどを洗う超音波洗浄機の水面に幾何学的な模様が生じることからも類推できるだろう（模様が見えるかどうかは、超音波洗浄機の機種によって異なる）。こうした模様は、容器の内壁で反射したいくつもの波が重なり合って、共鳴のパターンを形成したものである。結晶における幾何学的な原子配列も、量子論的な電子の波による共鳴パターンと言ってよい。

尺度を生み出す量子効果

量子効果は、結晶だけではなく、あらゆる物理現象で大きさの尺度を与える。このことは、1個の原子についても言える。最も単純な原子である水素原子を例に取ろう。

水素原子とは、マイナスの電荷を持つ1個の電子と、プラスの電荷を持つ1個の陽子が、電気的な引力によって結合した原子である。陽子は、電子の2000倍近い質量を持つ。このため、水素原子における電子は、巨大な恒星の周りを小さな惑星が回っているのと似た関係にある。

恒星と惑星の距離がどうなるかは、原始太陽の周囲に集まったガスと塵《ちり》から成る不定形の雲から、どのように惑星系が形成されたかに依存する。人類の住む太陽系では、太陽に最も近い水星から最も遠い海王星に至るまで、さまざまな公転半径を持つ惑星が存在するが、これらの半径は、偶然がいくつも重なった結果として決まったのであり、その値を理論的に導き出すことはできない。

一方、陽子と電子から構成される水素原子の場合、その大きさは、陽子と電子が出会うまでの過程とは無関係に、物理法則によって定まる。電子は、惑星のような楕円軌道を描くわけではないが、ある地点に存在する確率がいくらになるかは、量子論に基づいて計算することができる。エネルギーが最低の安定状態にある水素原子では、電子－陽子間距離の平均値は、100億分の0・8メートル程度となる。

この大きさが、塩化ナトリウム結晶における原子間隔と同程度（100億分の1メートル前後）であることから推測できるように、水素原子で電子－陽子間距離が定まるのも、電子が波として振る舞う量子効果の現れである。

気体やプラズマなどのガス状の物質になると、固体のように直接的に大きさを決定することはできない。しかし、これらの物質内部にも、振動させたときに生じる波の波長や、拡散するときのスピードのように、いろいろな形で長さに関する量が現れる。詳しく述べる余裕はないが、これらの特徴的な長さを定める際にも、量子効果が重要な役割を果たす。

大きさのない世界

物体に大きさがあるのは当たり前で、わざわざ量子効果を持ち出す必要などないと考える人もいるだろう。しかし、物体に大きさがあることは、決して当たり前ではない。理論的にならば、大きさのない世界を考えることも可能である。

世界から大きさが失われるのは、そこを支配する法則がスケール変換に対して不変な場合である。スケール変換とは、顕微鏡で倍率を変えるように、大きさの基準を変える変換のことである。スケール変換に対する不変性があると、顕微鏡の倍率を変えて覗いても、変える前と同じような光景しか見えない。

スケール変換に対して不変な法則の例は、物理学でいくつか知られている（例えば、波動方程式だけで記述される世界など）。しかし、方程式を使うとわかりにくくなるので、ここでは、スケール変換に対して不変な図形として、数学で考案されたコッホ曲線を紹介したい。

コッホ曲線は、次のようにして作ることができる。まず、**図1－2**の(a)のような、ある長さの線分を用意する。次に、(b)で示すように、中央3分の1に当たる線分を、それを底辺とする正三角形の2辺に置き換える。この操作をどこまでも繰り返すことを考えよう。(b)の四つの線分で、それぞれ中央部分を正三角形の2辺に置き換えたのが(c)、(c)の16本の線分で同じ置き換えをしたのが(d)である。

こうした置き換え操作を無限に繰り返していくと、雪の結晶にも似た図形（**図1－3**）が得られる。これが、コッホ曲線である。

曲線と言ったが、ふつうにイメージされる曲線とは異なり、滑らかではない。しかも、どこも

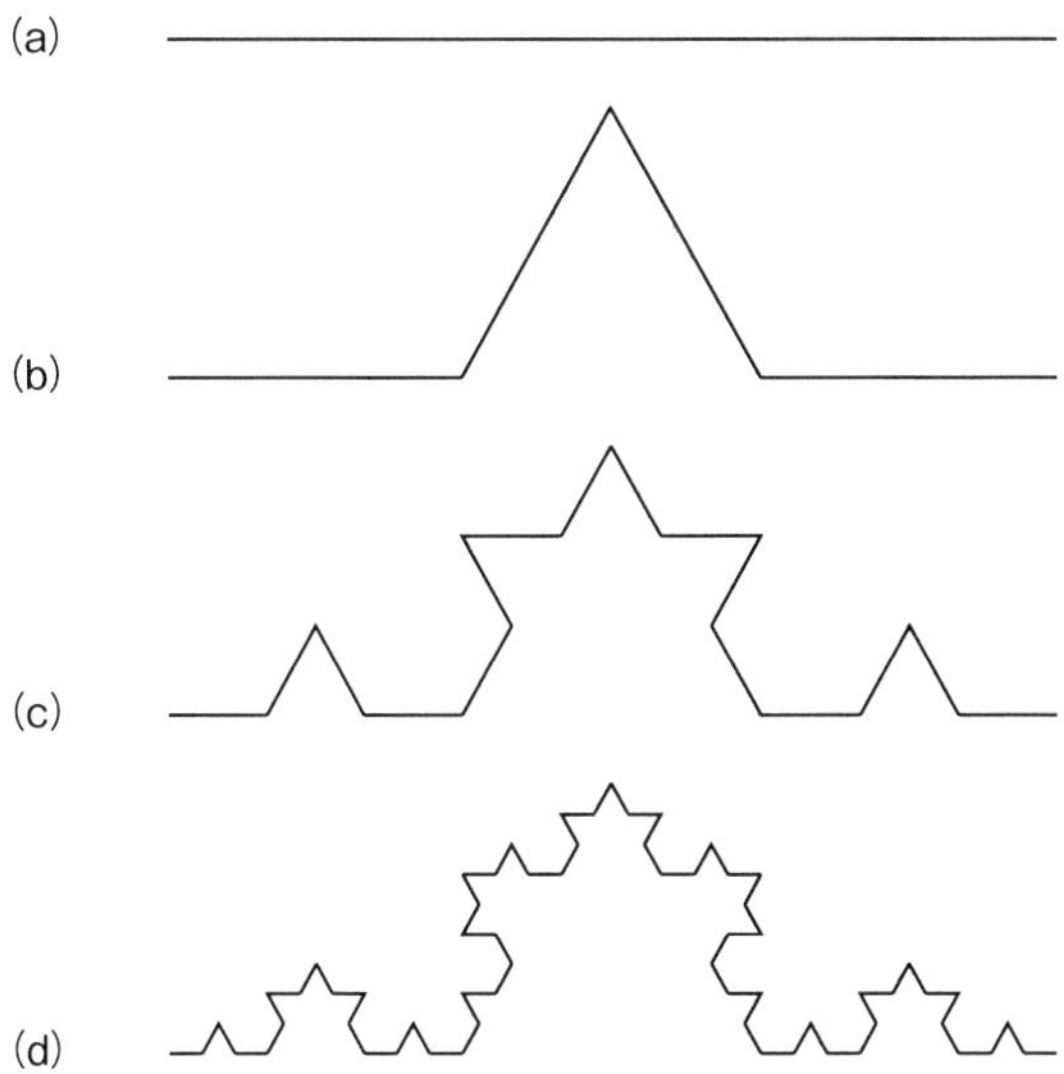

図1-2　コッホ曲線の作成

かしこもクネクネと折れ曲がっているため、引き延ばすととめどなく長くなり、全長は無限大になる。

コッホ曲線の特徴は、どの部分であっても、そこを3倍に拡大すれば、元の図形と完全に重ねられる点である。例えば、図1－3の破線で囲まれた部分を3倍に拡大すると、図形全体と寸分違《たが》わぬ図形になる。コッホ曲線は、スケールを3倍ないし3分の1に変換しても、再びコッホ曲線となる。したがって、「3倍ごと」という離散的なスケール変換に対して、不変な図形である。

もし、物理現象がスケール変換で変わらなければ、どんな世界になるだろうか？　そうした世界では、何が起きてい

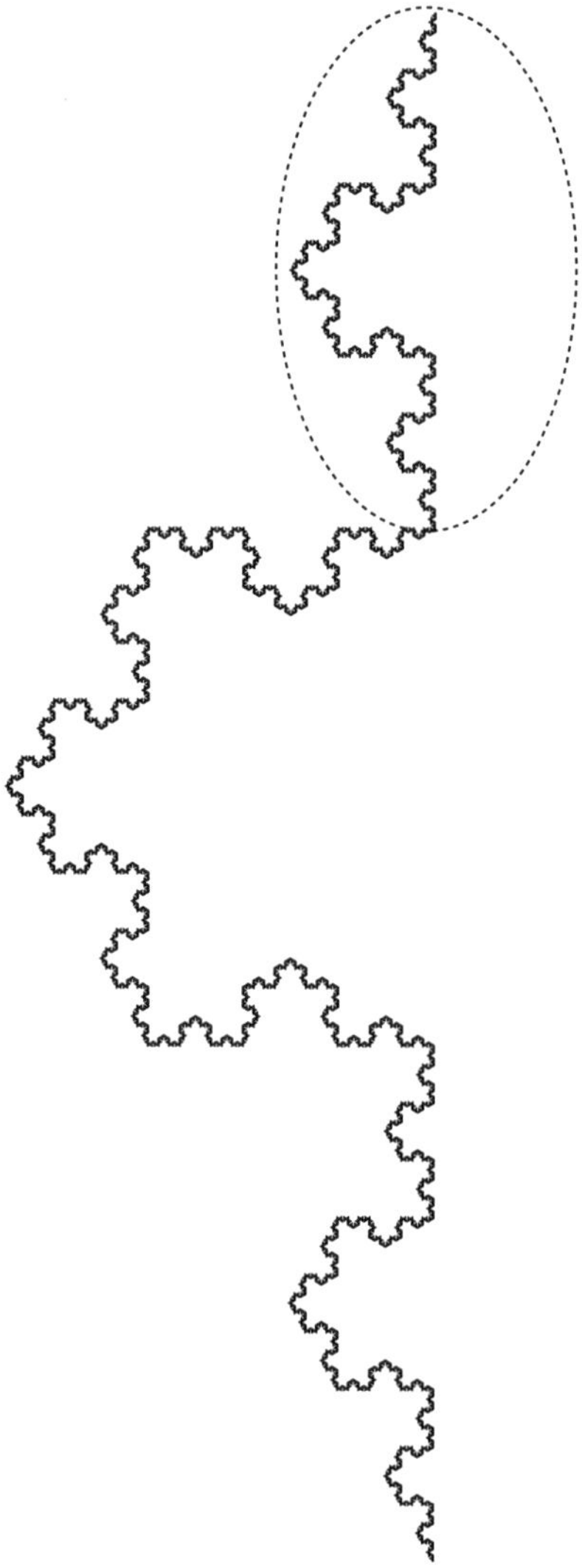

図1-3　コッホ曲線のスケール不変性

るかをモニター画面に映し出し、倍率を拡大しても縮小しても、コッホ曲線を拡大ないし縮小する場合と同じく、それ以前と同等の現象しか見えてこない。スケールを変えても世界の状況は何も変わらないのだから、大きさという概念自体が意味を失う。

こうした世界では、ある大きさで安定する構造が存在できない。「安定する」とは、わずかに変形させても元に戻ることを意味する。ところが、スケール変換に対して不変な世界の場合、大きさを変えても生じる現象は以前と同じなので、元に戻すような復元力は働きようがない。何らかの構造が生じても、特定の大きさで安定することはなく、小さな擾乱《じょうらん》によって、すぐ崩れてしまうのである。

現実世界における大きさの基準

現実の世界には、スケール変換に対する不変性はない。水を見てみよう。水は、スケール変換しても何も変わらないと思えるかもしれない。通常の光学顕微鏡で拡大しても、肉眼で見るのと同じように、空間を隙間なく満たす連続的な物質として姿を現し、流れや振動・渦などの動きが見られる。しかし、電子顕微鏡の領域まで拡大を続けていくと、ある段階から、全く異なる水の姿が見えてくる。それは、水分子という要素から構成された姿である。

水が持つさまざまな性質は、水が分子から構成されることに由来する。例えば、海岸に打ち寄せる波が砕け、波頭が小さな水しぶきとなって飛び散るのは、水が分子からできているためである。連続的な物質ならば、水滴になるのは容易でない。水が粘性を持つのも、塩化ナトリウムのような特定のタイプの結晶をよく溶かすのも、水分子が関与する性質である。

水中の脂質分子が、水分子と反発し、互いの引力で集まって形成する脂質二重層は、細胞膜の基本的な構成要素である。細胞膜に囲まれた領域が細胞だが、体積が大きすぎると不安定になるため、生命活動に必要な細胞内器官を収められる範囲で、ギリギリまで小さくなろうとする。こうして細胞のサイズが決まり、それに基づいて生物の体長が制限される。

われわれが日常的に見る物体に大きさがあるのは、物理現象がスケール変換に対して不変ではなく、原子程度の大きさを境として質的に変わるからである。

電子の運動を記述する量子論の式（物理学の知識のある人は、シュレディンガー方程式という名前を聞いたことがあるだろう）は、スケール変換に対して不変ではない。プランク定数h、光速c、電子の質量mなどの、単位を持つ物理定数が含まれるからである。この三つの物理定数を組み合わせると、「電子のコンプトン波長」と呼ばれる定数が導かれ、その大きさは1兆分の2・4メートルとなる。

原子核と電子の間に生じる相互作用の場合、電気的な引力の強さが加味されるため、電子の拡がり方といったさまざまな計算結果に、コンプトン波長を約20倍（微細構造定数と呼ばれる定数の逆数を円周率の2倍で割った値）にしたものが現れる。原子が関わる量子効果で、100億分の1メートル前後の長さが頻出するのは、そのせいである。

時間の尺度を決める

ここまで述べてきたように、空間の尺度は、量子効果として現れる物理現象によって決まる。では、時間の場合はどうかと言うと、結晶の原子配列と同じような規則正しさを示す現象として、結晶の振動が尺度となることが多い。

結晶内部の原子が幾何学的な配置を取るのは、そうした配置のときにエネルギーが極小となるからである。このとき、原子の位置を少しずらしても、エネルギーの低い元の配置へ自然に戻ろうとする。こうした復元性があるため結晶は弾性を示し、適当な応力を加えてから放すと振動する。弾性を工学的に利用できるように金属結晶を加工したものが、金属製のバネである。

弾性によって結晶全体が振動し続けると、通常は、振動エネルギーが熱に変わって散逸し、しだいに振幅が小さくなる。しかし、結晶によっては、外部から交流電圧を加えることで、いつまでも振動を持続させられるものがある。二酸化ケイ素の結晶である水晶（クォーツ）もそうした性質を持っており、交流電圧によって持続的に振動させた場合、長期間にわたって振動数がほとんど変化しない。この性質を利用して作られたのが、クォーツ時計である。

クォーツ時計よりさらに精度の高い時計として知られるのが、原子時計である。原子時計の仕組みは少し難しくなるが、結晶内部で原子が往復運動をするのではなく、軽くて素早く動ける電子だけが振動すると考えていただきたい。

こうした電子の振動に伴って、一定の振動数を持つ電磁波が放出される。この電磁波を利用したのが、原子時計である。原子時計の性質は、利用する原子によって異なるが、特に正確なものとして知られるのが、セシウム原子時計である。

人類は、かつては太陽の動きを利用した日時計や、振り子の等時性を使った振り子時計を使っていた。だが、近代以降に利用される正確な時計の大半は、金属製バネの振動を利用した機械式時計も含めると、原子スケールで起きる周期的な振動現象を利用している。

時間の尺度と重力

「時計で時を計る」とは、時計が置かれた場所における原子スケールでの物理現象によって、時間の尺度を決定する作業である。アインシュタインは、「時間は一様に流れる」といった観念的な議論を排し、物理現象を通じて時間の本性を明らかにすべきだと考えたのである。

もし時間の尺度が場所ごとに変化するならば、時間がどこからともなく作用するといった考えは通用しなくなる。時間の経過が場所ごとに異なるので、単一の時間がいっせいに流れるのではなく、あらゆる場所で別々の時間を考えなければならない。

実際に時間の尺度が場所ごとに異なることを示すのが、本章の冒頭で紹介した原子時計による実験である。それによると、重力が強く作用する場所ほど時間がゆっくりと進む。

場所ごとに別々の時間があることに人類が長らく気がつかなかったのは、尺度の違いがごくわずかだからである。なぜ尺度の違いがそれほど小さいのか、その理由を説明するためには、宇宙論の知識が必要になるので、第4章で改めて取り上げたい。

重力が時間の尺度を変える可能性があることは、1907年にアインシュタインによって指摘された。彼は、時間の尺度が変化することによる観測可能な効果として、恒星表面から放射される光の振動数のずれと、天体の重力によって生じる光の屈折を挙げた。まず、振動数のずれについて説明しよう。

高校の化学実験で、炎色反応を見たことのある人は多いだろう。金属や塩を炎の中で加熱すると、ナトリウムなら黄色、銅なら青緑色というように、それぞれの原子に特徴的な色を発する現象である。色は光の振動数で決まるので、原子固有の振動数を持つ光が放射されると言い換えてもよい。

現代物理学によれば、炎色反応は、原子内部に存在する電子が、周囲から熱エネルギーをもらって状態を変化させ、その後、特定の振動数の光としてエネルギーを放出することで起きる現象である。

恒星の表面から放出される光の強度分布を調べると、炎色反応と同様の反応によって、いくつかの決まった振動数の光が、輝線スペクトルと呼ばれる鋭いピークを示す（逆に、特定の光が吸収されて強度が急減する吸収スペクトルもあり、実際の天体観測では、こちらの方が検出しやすい）。天体からやってくる光にはいくつものピークがあり、その振動数を調べると、恒星表面にどんな原子が存在するかが判明する。

重力が強く作用するほど時間がゆっくり進むのだから、質量の大きな恒星表面からやってくる光を観測したときの振動数は、地上で（炎色反応などによって）光を放射させて観測する場合の振動数よりも、小さくなるはずである。地上で実験すると、鉄の原子は、1秒間の振動数が約600兆回（波長では、1000万分の5メートル程度）の光を放射・吸収する。これに対して、太陽は地球の33万倍もの質量を有するため、太陽表面の鉄原子から放射された光を地上で観測すると、地上で放射されたときよりも、振動数が10億回ほど小さいと予想される。

光の振動数は、目で見たときの色に対応する。振動数が減少することは、可視光の範囲では、光の色が赤の方にずれることを意味する。したがって、天体の表面から放射される光の振動数が小さくなる現象は、重力赤方偏移と呼ばれる。

ただし、太陽表面からの光は、対流に起因するドップラー効果によって、振動数が本来の値から大きくずれているため、重力赤方偏移の観測が難しく、現在でも、「誤差範囲内で理論と矛盾しない」としか言えない。天文学的観測によって重力赤方偏移が確認されているのは、太陽より遥かに質量の大きい中性子星など、ごく一部の天体だけである。

重力による光の屈折

アインシュタインは、天体の重力によって時間の尺度が変化することを示す現象として、重力赤方偏移のほかに、重力による光の屈折が起きると指摘した。こちらの方は、早くも1919年に観測が行われている。

時間の尺度が変化するため、遠くにいる観測者からすると、物理現象が天体に近くなるほどゆっくり進む。その結果、天体の近くでは、ほかのすべての物理現象と同じく、光が進む速さも遅くなったように見える。

多くの人は、小中学校の理科の実験で、ガラスや水などの透明媒質による光の屈折を調べた経験があるだろう。高校物理では、こうした光の屈折が、媒質中で光の伝わる速度が遅くなる結果だと学ぶ。媒質の屈折率をnとすると、この媒質中を伝わる光の速度は、真空中に比べてn分の1に低下する（電磁気学の法則によって、屈折率は必ず1より大きくなる）。例えば、水の屈折率は1・

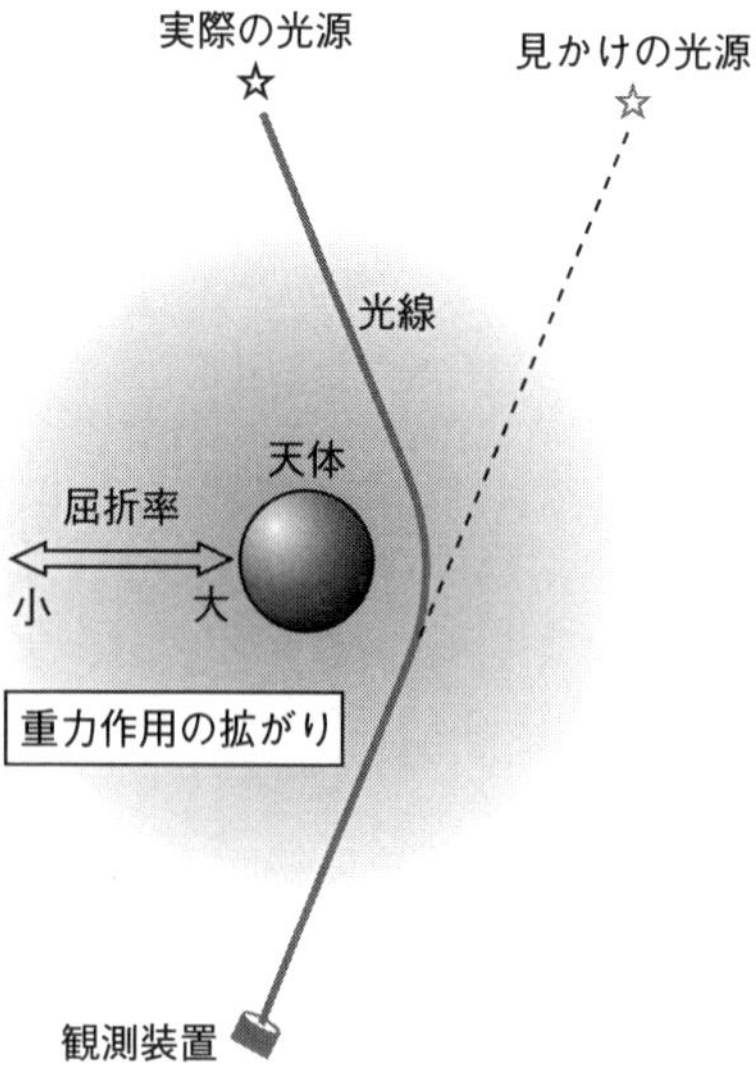

図1-4　重力による光の屈折

333であり、水中では、光は真空中の4分の3の速度で進む。

天体の周囲で時間がゆっくり進み、そのせいで光速が遅くなるのだから、天体に近い領域ほど屈折率が大きな媒質のように振る舞う。天体の近傍を光が通り抜けるとき、その影響で光が屈折する。

ここでは、難しい計算抜きに、次のようなイメージを利用しよう。横方向に並んだ何人かが、横倒しにした長い棒を一緒に持って走っているところを想像していただきたい。一方の端に近い人ほど走るスピードが遅いと、そちらを内側にして進行方向が曲がってしまう。それと同じように、天体に近い方が光速が遅くなるので、縁《へり》を通る光線は、天体のある方を内側にして曲がることになる。これが、重力による光の屈折である（図1-4）。

1919年には、皆既日食の際、太陽の縁にある恒星が、本来見えるべき場所より角度にして1・61秒だけずれて観測された。これは、太陽の重力によって光が曲げられた結果だと考えられる。

時間はどこにあるのか？

重力が作用する領域では、時間の尺度が変化する結果、空間があたかも屈折率を持つ媒質のように振る舞う。このことは、アインシュタインに、従来とは異なる時間・空間概念の着想を与えた。

1905年頃のアインシュタインは、「時間や空間とはそもそも何か」を論じようとはせず、時計と物差しを使って計測されるものという間接的な——哲学者が「操作主義的」と表現する——扱いにとどめていた。時間や空間そのものについては、議論するだけの根拠に欠けると判断したからだろう。

しかし、重力によって光が屈折する可能性に気がつくと、こうした論法を大きく変更する。場所によって尺度が異なり、その差異が重力の作用を生み出すという理論を構想したのである。当初、アインシュタインは、時間の尺度だけを問題としていたが、旧友の数学者マルセル・グロスマンと再会した1912年から、時間と空間の尺度がともに変化するという理論の構築を目指す。1915年に完成された理論では、エネルギーが存在すると、その周囲で時間・空間の尺度が変化し、光のみならず、エネルギーの移動を伴うあらゆる物理現象で進路が曲げられることが示された。これが一般相対論であり、重力についての新たな見方である。

ニュートンの重力理論には、重力の作用を伝える媒質がない。重力とは、空間を一瞬で飛び越えて遠方の物体に作用する、魔術のような力とされていた。

これに対して、アインシュタインは、重力源の周りで時間・空間の尺度が場所ごとに異なることが、他の物体を引き寄せる重力の元だと考えたのである。尺度は空間のどの地点にも備わった量であり、そこに置いた時計や物差しで計測することができる。重力源が動いたとき、尺度の変化が周囲に順次伝わっていくと仮定すれば、重力が一瞬で空間を飛び越えるといった不合理が解消される。

尺度に違いがあるせいで、何もない真空も、光を屈折させる媒質のように振る舞う。空間は、物体が動き回るための単なるスペース（余地）ではなく、それ自体が物理現象の担い手なのである。さらに、場所によって時間の尺度が異なるのだから、宇宙全域に単一の時間が流れるのではなく、あらゆる場所に個別の時間が存在すると考えなければならない。

本章のタイトルとして掲げた問い――「時間はどこにあるのか?」――に答えるならば、時間は「その場所」にある。決して、どこからともなくすべての物体に作用するのではない。

もう少し深く知りたい人のために

等価原理と時計の遅れ

アインシュタインが時間の尺度と重力の関係に踏み込むきっかけになったのが、等価原理のアイデアである。この原理について、数式抜きで簡単に説明しておこう。

さまざまな物体が天体に引き寄せられるとき、質量とは無関係に、どの物体も同じ重力加速度で落下する。落下する観測者からすると、一緒に落ちる物体は加速度がなくフワフワと浮かぶように見えるので、まるで重力の消失した無重力空間にいるように感じられる。こうした性質を熟考しているうちに、アインシュタインは画期的なアイデアを思いつく。加速度運動と重力は、同じ現象の二つの側面だというアイデアである。

どこからか飛び降りて落下する過程は、外部から見ると加速度運動だが、落下する本人からすると、フワリと浮かんで重さを感じなくなる。加速度運動することで、重力の効果が打ち消されたとも解釈できる。

一方、自動車が急発進するときなどは、身体がシートに押しつけられるが、これは、あたかも、後方に押さえつける重力が作用したように感じられる。このように、加速度運動と重力は、

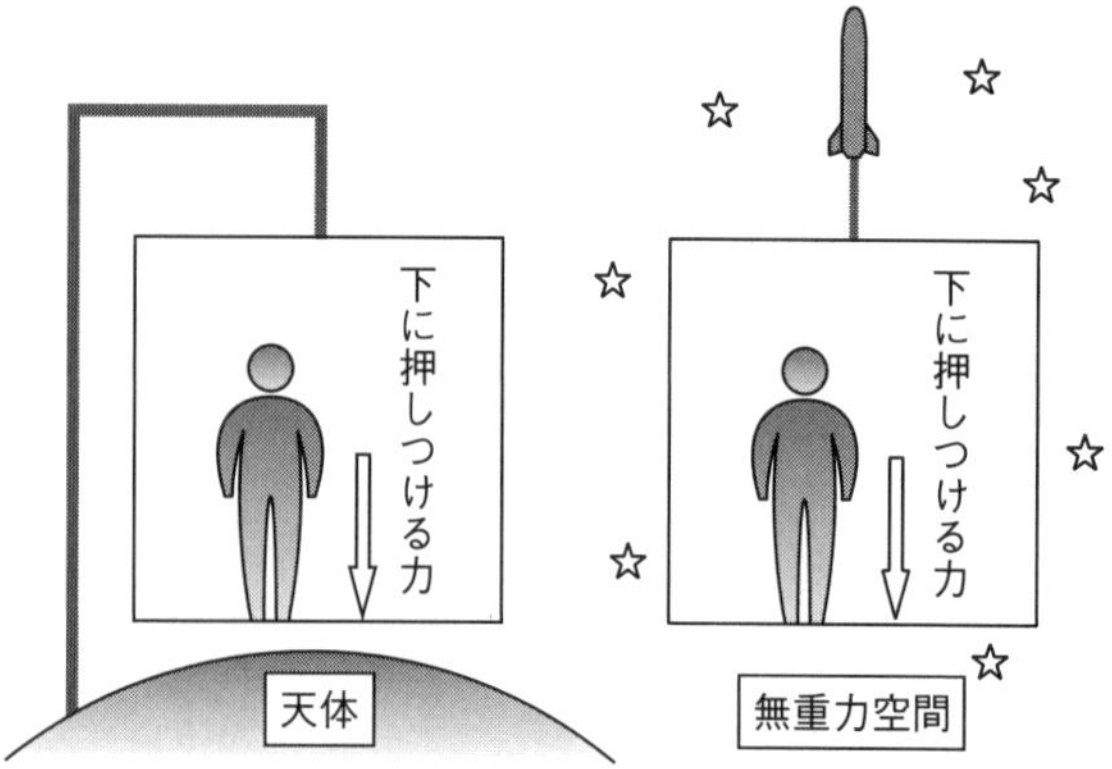

図1-5　等価原理

密接に関連する。

アインシュタインは、ニュートン力学にも示されるこの性質を、さらに一歩進めて考えた。密接に関連するだけではなく、物理的に区別できないと考えたのである。

あなたは、窓がなく外を見ることができない箱の中に閉じ込められている（**図1−5**）。そこで、下方に押しつけるような力を感じたとしよう。可能性は二つある（二つの効果が混ざっているケースは考えない）。近くに天体のような重力源が存在し、その重力に引っ張られている可能性。あるいは、無重力空間に浮かぶ箱がロケットなどに引っ張られて上方に向かって加速度運動しており、ちょうど車が前方に急発進したとき後方に押しつけられるのと同じように、下方に押しつけられている可能性。

箱の中にいるあなたには、さまざまな実験器具が与えられており、外を観測すること以外なら、あらゆる実験を遂行することができる。さて、あなたは、現実に起きているのは二つの可能性のどちらか、実験結果から判定できるだろうか？

アインシュタインは、箱の中にいる人間には、いかなる方法を以てしても、下に押しつける作用が重力によるのか加速度運動によるのか、区別できないと考えた。重力の効果と加速度運動の効果は、物理的に等価だという主張である。これを、等価原理という。

図1－5に示したケースで、箱の中にいる観測者は、下方に天体があるのか、上方に引っ張られているのか、どのような方法を用いても判定できない――それが等価原理の主張である。単に、力学的な現象が同じというだけではない。電磁気や原子スケールの現象を含めて、すべての出来事が同一になることを要求する、きわめて強い原理である。

等価原理が何を意味するかを明らかにするために、次のような実験を考えよう。

箱の床に光を発する光源を置き、天井に受信器を取り付けて、床から天井に向けて一定の振数の光を送信する。もし、実際に等価原理が成り立つならば、下方に天体がある場合も上方に加速されている場合も、同じ現象が観測されるはずである。

まず、箱が無重力空間で上方に向けて加速度運動するケースを見てみよう。遠方の観測者から見て、はじめに速度がゼロだった箱が上方に加速されるものとする。

箱の速度がゼロのときに床から光が放出されるとともに、受信器は光源から逃げる方向に動き

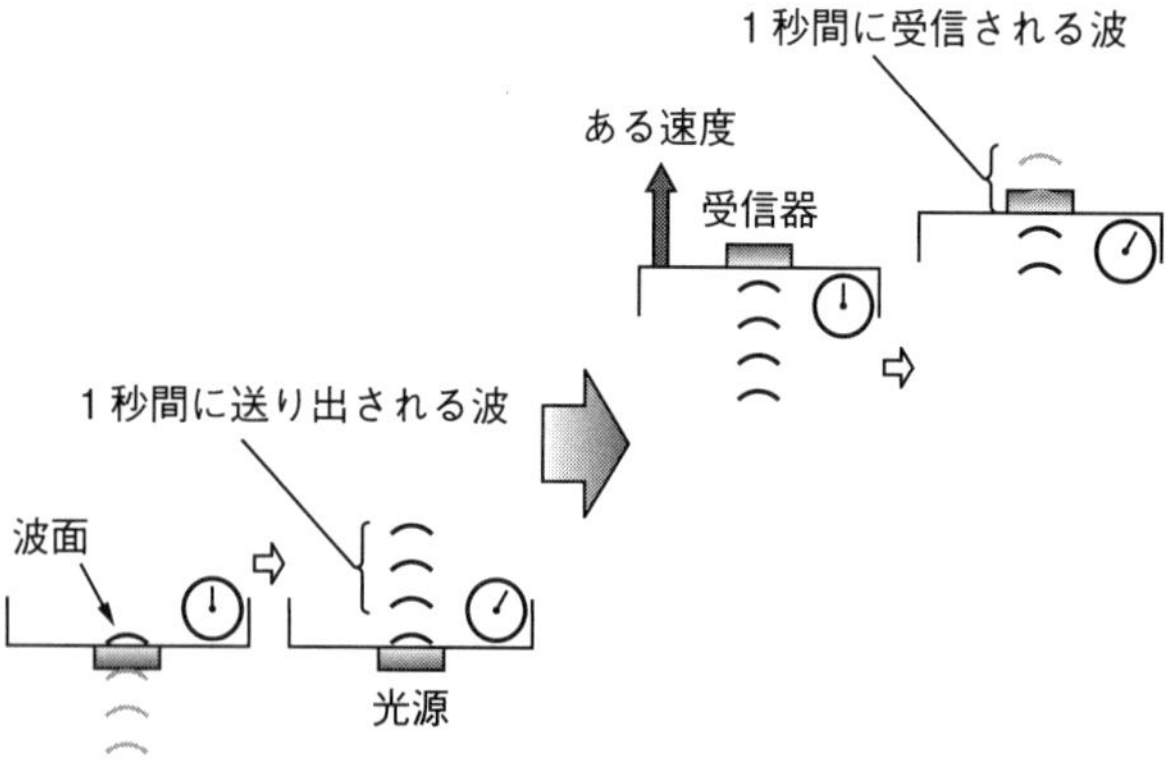

図1-6　加速度運動によるドップラー効果

始め、光が到達した瞬間には、加速度に比例するある速度で運動している。このとき、追いかける光の波に対して逃げる方向に動くので、受信される光の振動数は、受信器がじっとしている場合よりも小さくなる（図1－6）。

受信器が運動するとき、受信される波の振動数が発信源での値に比べて変化する現象は、ドップラー効果と呼ばれる。音の場合には、耳の良い人なら、実際に体感することができる。乗っている列車が踏切を通過する際、近づくときに聞こえるカンカンという警報音に比べて、遠ざかるときの音が低くなることは、列車のスピードが速ければ、かなりはっきり聞き取れる。この現象は、発信源に対して受信器（自分の耳）が近づくときは振動数が大きく、遠ざかるときは小さくなるドップラー効果の現れである。

床から発せられたときよりも天井で振動数が小さく

なることは、加速度運動する箱の中で行われた実験ならば、何ら驚くにはあたらない。単に、光のドップラー効果が観測されただけのことである。しかし、加速度運動と重力の作用が等価だとする等価原理を仮定すると、重力について全く新しい見方が提示される。

もし等価原理が正しいならば、箱の中で下向きに重力が作用しているときも、箱を上向きに加速度運動させたときと同じく、床での振動数に比べて天井での振動数が小さくなるはずである。天井の高さを充分に高くした場合を考えれば、天体から遠ざかる向きに光が発射されたとき、遠方で観測される振動数は、天体近傍で測定される振動数よりも小さくなる。

図のケースで言えば、床にある光源で時計が1秒進む間に、波が3個分送り出される。ところが、天井に設置された受信器では、1秒に2個の波しか観測されない。これは、天井と床で1秒の尺度が異なることを意味する。天井にいる観測者からすると、自分にとっての1秒が床での3分の2秒に相当するので、床よりも天井の方が速く時間が流れている（床の方がゆっくりと時間が経過する）ように見える。

重力の作用によって時間の進み方が変化する――これが、等価原理に基づいてアインシュタインが出した結論である。

第2章 過去・現在・未来の区分は確実か

「未来」はまだ実現されず「過去」はすでに過ぎ去ったのだから、どちらもリアルでなく、ただ「現在」だけがリアルだ――こうした常識的な見方を支持する物理学的な根拠はない。相対性原理が成り立つならば、「同じ時刻」を一つに決められず、したがって、「現在」という「それだけがリアルな瞬間」が実在することはない。過去・現在・未来という区分は、物理的に無意味である。「ここ」以外にさまざまな場所が存在するのと同じように、「いま」以外にもさまざまな時刻がリアルに存在する。

第1章では、原子時計を異なる標高の地点に移動するという、日本の通信総合研究所で行われた実験を紹介したが、同じような実験は、世界各地のさまざまな機関で行われてきた。ここでは、アメリカ国立標準技術研究所（NIST）での実験を紹介したい。

通信総合研究所の実験は、製品化された原子時計をそのまま用いた。これに対して、NIST

で行われた実験では、1個の原子が吸収・放出する光を直接検出することにより、より高い精度で時間尺度の変化を調べることに成功した。そこで用いられたのが、イオントラップと呼ばれる手法である。

金属に他の粒子をぶつけると、金属原子（正確に言えば、電子が不足するためにプラスの電荷を帯びたイオン）が真空中に飛び出してくる。通常、原子はかなり高速で運動しているが、進行方向逆向きにレーザー光を照射するなどの方法で減速させ、ほぼ静止した状態で電気的な〝檻《おり》〟に閉じ込めることができる。これが、イオントラップである。

D・J・ワインランド（イオントラップ法を応用したさまざまな実験の成果により、2012年のノーベル物理学賞を受賞）を含むNISTの実験チームは、この技術を用いてアルミニウム原子を閉じ込め、その原子が吸収・放出する光の振動数シフトを調べた。

この実験で得られた結果は、次の2点にまとめられる。

第一に、標高差がごくわずかでも、時間の尺度変化が生じる。NISTチームは、ある高さに閉じ込めた原子と、そこから33センチメートル高い地点の原子とで振動数を比較し、標高の高い方が、10京《けい》分の4だけ振動数が増えることを見いだした。このデータを重力による時間尺度の変化と見なすならば、第1章で示したのと同じタイプの変化が、数十センチメートルという小さな標高差でも成り立つことがわかる。

第二に、標高は同じでも、原子が動いているかどうかによって振動数がシフトする。

イオントラップは電気の〝檻〟だが、原子を閉じ込めるための電場の強さを少しずつ変動させることにより、原子をゆっくり動かせる。NISTチームは、この方法を使って、アルミニウム原子を秒速数メートルから数十メートルという遅い速度で動かしたとき、どのような振動数シフトが生じるかを調べた。

得られたデータによると、原子の運動速度が大きいほど、振動数が減少することが確認された。平均速度が秒速10メートルのとき、振動数シフトの割合は、1000兆分の1以下という微小な値だったが、それでも機器の誤作動などではなく、振動数の減少が疑う余地なく測定された。光を放出する原子を一種の原子時計と見なすならば、「動く時計は遅れる」のである。

こうした実験結果は、第1章で示した重力作用による原子時計の遅れと同じように、宇宙の全域で均一に流れるというニュートン的な時間観が正当ではないことを示す。と同時に、時計を動かしたときの遅れがどの程度かを見積もることができるので、時計の移動に伴う誤差が無視できるかどうかもわかる。

第1章で紹介した実験では、原子時計をトラックに積んで運搬したが、時速100キロメートル（秒速30メートル程度）で動かしても時計の遅れは充分に小さく、衝撃さえ与えなければ、時計を運動させたことの影響は無視してもかまわない。

地球の運動とエーテルの風

「動く時計は遅れる」というＮＩＳＴの実験結果に対して、「ニュートン的な時間観が誤っている」と考えず、別の解釈をすることも不可能ではないだろう。一つの解釈は、「動く時計は止まっているときと異なる動作をする」というものである。

この解釈は、必ずしも奇妙なものではない。アリストテレス哲学に登場するようなエーテルが宇宙空間に満ちているとすると、その内部で動くときには、進行方向とは逆向きの〝エーテルの風〟が観測されるはずである。陸上競技の記録は、追い風か向かい風かによって左右される。風が吹くときには、無風のときの力学法則に風の影響が加わるのである。これと同じように、〝エーテルの風〟が吹く場合には、吹かないときと違った結果が観測されるだろう。時計の遅れは、そうした現象の一例だという見方もあり得る。

運動によって物理法則が変化するかどうかは、公転のような地球の動きを利用すれば判定できそうに思える。地球は、秒速30キロメートルというかなりのスピードで、太陽の周りを回っている。さらに、太陽は銀河系の中心部に対して秒速２００キロメートルあまりで回転しており、約２億年で銀河を一周する。銀河系自体も宇宙空間を漂っており、(他の銀河の平均速度がゼロになる座標に対して)うみへび座方向に秒速６００キロメートル程度で運動している。こうした動きが、地上で観測される物理法則にどのように影響するのか、気になるところである。

もっとも、地球の動きが地表における物体の運動にほとんど影響を与えないことは、日常的な経験からも明らかである。もし、「物体は地球の進む向きに加速されやすい」といったはっきりした影響があるのなら、人類は、もっと早くに地球が動くと気づいたはずである。経験的にわかるように、地表での力学的な実験によって、地球の運動を検出するのは困難である。

19世紀末の物理学者たちが注目したのは、世紀半ばに完成された電磁気学の法則が、地球の動きに影響されるかどうかである。彼らは、秒速30キロメートルという地球の公転運動によって、電磁誘導の法則などがどのような影響を受けるかを調べた。

この研究こそ、20世紀初頭に、運動と時間の概念を大きく書き換えるきっかけとなったものである。そこで、しばらくの間、「動く時計は遅れる」という不思議な現象は脇に置いて、地球の動きと電磁気現象の関係について見ていくことにしよう。実は、この関係を突き詰めると、「動く時計はなぜ遅れるか」という謎の答えも得られるのだが、その話は、第3章の終わり近くで、再び取り上げたい。

電磁気学で公転運動が検出できるか

電磁気の現象には、ファラデーの電磁誘導の法則やフレミングの左手の法則のように、速度に

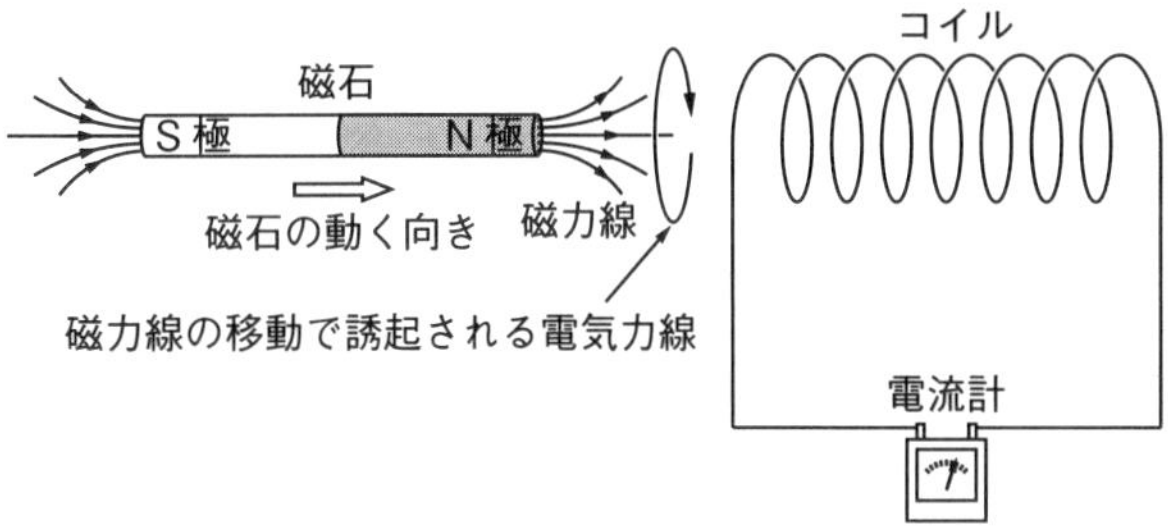

図2-1 電磁誘導の法則

直接関わる法則がある。こうした法則に依存する現象を地上で測定すれば、公転運動も検出できるのではないかと期待される。ここでは、まず電磁誘導の法則から取り上げよう。

コイルに棒磁石を出し入れすると、起電力が誘起されてコイルに電流が流れる(図2-1)。この過程を、マイケル・ファラデーは次のように解釈した。

磁石の周囲には磁場が生じ、N極からS極に向かう磁力線で表される。ファラデーによれば、電磁気の作用を伝えるのはエーテルという媒質であり、磁場や電場は、エーテルの状態を表している(ファラデーのエーテルとアリストテレスのエーテルは概念的にかなり異なるが、ここでは問題にしない)。磁石を動かすと磁力線が移動し、それに伴ってエーテルの状態が変化することで、エーテル内部に電場が生じ、この電場からの作用が電流を流す力(起電力)となる。つまり、エーテルに対する磁石の動きが起電力を生むという考え方である。

コイルに発生する起電力の大きさは、磁石が動く速度によって

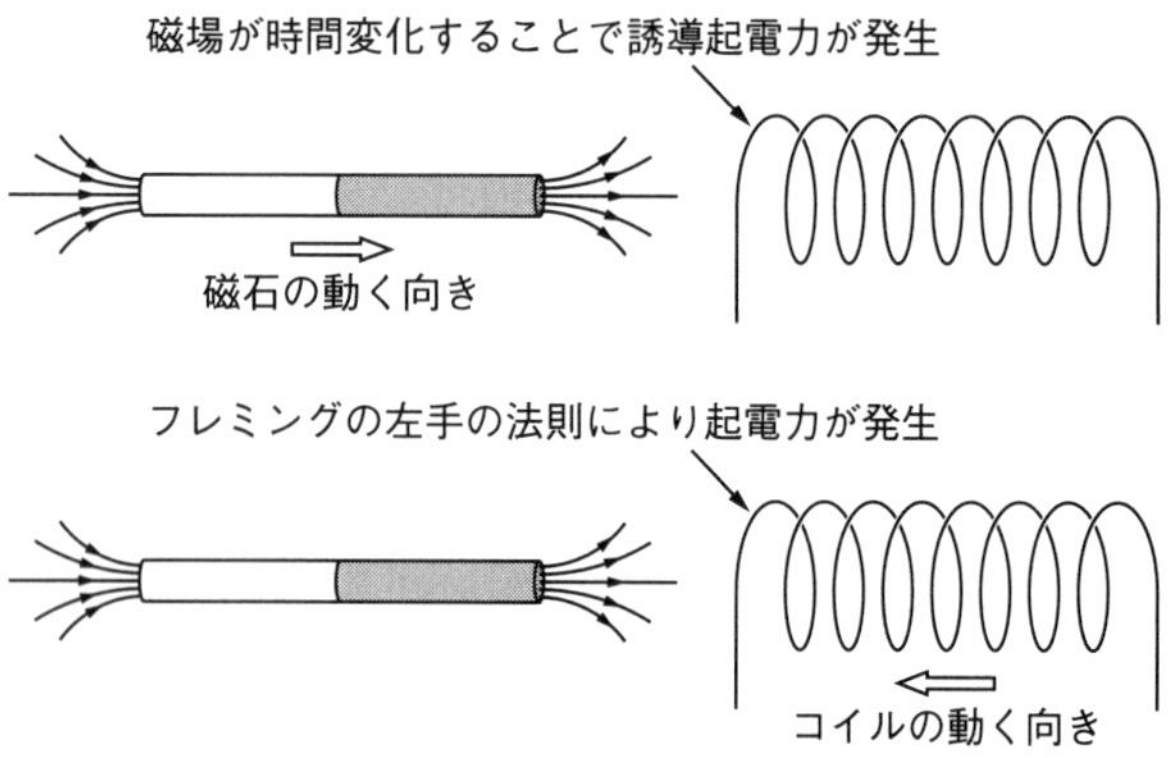
磁場が時間変化することで誘導起電力が発生
磁石の動く向き
フレミングの左手の法則により起電力が発生
コイルの動く向き

図2-2　磁石とコイルの相対運動

変わる。したがって、コイルと棒磁石を用意し、磁石をコイルに出し入れしたときの起電力を測定すれば、その値から、エーテルに対する磁石の速度を決定できるはずである。

しかし、電磁気学の研究が少し進むと、この方法では、エーテルに対する運動を決定できないことが判明した。磁石をコイルに近づけるのではなく、コイルを磁石に近づけても、同じ大きさの電流が流れることがわかったのである。

コイルを動かす場合に起きるのは、ファラデーが考えた電磁誘導とは全く異なる（ように見える）現象である。静止した磁石の周囲には、変化しない磁場が存在する。一方、コイルの素材となる金属の内部には、自由に動き回れる電子（自由電子）が存在する。このため、磁石の近くでコイルを動かすと、内部の電子はコイルと一緒に動いて電荷の流れとなり、フレミングの左手の法則に従って磁場から力を受ける。この力は、導線に沿って自由電子を移動させようとする起電力として働き、電流を生み出す。こうして、静止した磁石に向かってコイルを動かす場合でも、コイルに電流が流れるのである（図2－2）。

これだけならば、さして不思議なことではない。不思議なのは、コイルを止めて磁石を動かしても、磁石を止めてコイルを動かしても、磁石とコイルの相対的な速度が同じならば、なぜか、全く同じ大きさの電流が流れることである。そのせいで、磁石とコイルを使って電流の大きさを測定しても、何が止まって何が動いているのかは、どうしてもわからない。

静止エーテルの謎

ファラデーが電磁誘導の理論を考案したとき、彼は、エーテルが地球とともに運動すると考えていた。ちょうど、大気が地球とともに運動しており、地表付近での音波を考える際に地球の公転運動を考慮する必要がないのと同じように、電磁気現象を調べるに当たって、地球の公転を気にする必要はないと思われた。しかし、やがて、そう簡単ではないことが判明する。

音波の媒質である空気は地表に束縛されており、宇宙空間には存在しない。したがって、宇宙から音は伝わらない。一方、光は、夜空に星が輝くことから明らかなように、何光年もの彼方からやってくる。19世紀半ばには光も電磁気現象だと判明していたので、宇宙は電磁気の媒質であるエーテルで満たされているはずだと思われた。

もし、地表付近のエーテルが地球とともに動くのならば、宇宙に満ちるエーテルとの摩擦によって乱れが生じるはずである。しかし、遠方の天体を光学望遠鏡で観測しても、途中に存在するはずのエーテルの乱れは全く見られない。天体力学の予測と光学観測のデータを突き合わせると、光は、常にまっすぐ進んでくることがわかる。

そこで、物理学者たちは、エーテルは地球の公転運動に引きずられることなく、宇宙空間で静止していると考えた。いわゆる静止エーテルのアイデアである。静止エーテルは、あらゆる物質をすり抜けていき、天体の運動でも決して乱されることがないと仮定された。

この仮定は、一見奇妙に思えるが、あり得ないわけではない。

現代科学によると、銀河の内部には、暗黒物質と呼ばれるガス状の物質が拡がっている。暗黒物質は、電磁気的な相互作用をいっさい行わない。このため、地球でも他の物質でも、何の抵抗もなくすり抜けていく。暗黒物質が何なのか、そもそも本当に存在するのか、確実なことはわかっていない。しかし、(暗黒物質の仲間かもしれない)ニュートリノは実験で存在が確認されており、宇宙から大量に降り注ぎながら、そのほとんどが何の痕跡も残さずに地球をすり抜ける。こうした物質が現に存在するのだから、エーテルが地球をすり抜けると仮定しても、決して馬鹿げた発想とは言えないのである。

問題は、別のところにある。もし、地球が静止エーテルの内部を動くのならば、われわれはエーテルの流れの中にいるはずである。地上で電磁気の実験をする際に、その流れが観測できそうなものである。電磁誘導の実験で、棒磁石をコイルに挿入する場合、ファラデーは、磁石が動くことで周囲のエーテルが変化して起電力が生じ、コイルに電流が流れると考えた。しかし、もし静止エーテルの考えが正しければ、地上で動かしていない磁石も、エーテルに対しては、秒速30キロメートルというスピードで進んでいる。ファラデーの解釈通りならば、コイルに向かって動かさなくても、地球の公転運動のせいで磁石の周囲には電磁誘導による電場が生じるはずである。この電場は、なぜ観測できないのだろうか？

地上でコイルを静止させ、これに対して磁石を近づける場合を考えよう。仮に地球の公転速度が正確に秒速30キロメートルだとし、地上の実験室で1秒間に10センチメートルの割合で磁石をコイルに近づけたとする。

図2-3のような位置関係のとき、コイルは秒速30キロメートル、磁石は秒速30・0001キロメートルで動いている。秒速30・0001キロメートルの磁石の動きは、電磁誘導の法則に従って、近くに置かれたコイル内に起電力を生む。その一方で、磁場内部における秒速30キロメートルのコイルの動きは、フレミングの左手の法則に従って、逆向きの起電力を作り出す。この二つの起電力はほとんど打ち消し合い、秒速0・0001キロメートルの違いだけが、コイルに実

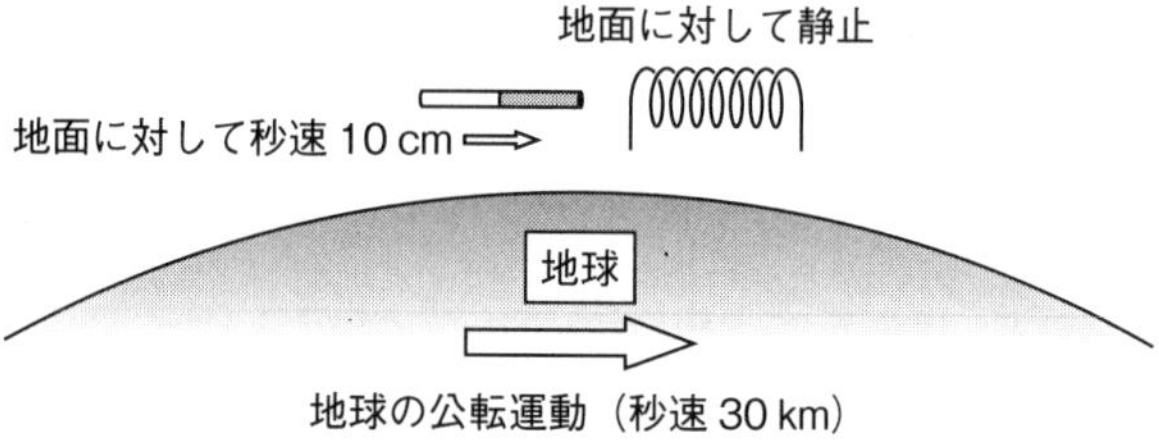

図2-3　地球上の磁石とコイル

際に生じる起電力を与える。

こうした打ち消し合いが生じるせいで、秒速30キロメートルというかなりのスピードで動いているにもかかわらず、地上でいくら電磁気の実験をしても、地球の公転運動を検出することは困難になる。しかし、なぜこれほど見事な打ち消し合いが生じるのだろうか？

力学で公転運動が検出できるか

磁石とコイルの実験と同じように、地上で力学の実験を行っても、地球の公転運動を検出するのは難しい。自分が立つ土台そのものの運動を力学で検出できないことは、地球の動きにまで話を広げなくても、もっと身近に実感することができる。

大型旅客機に搭乗した人は、巡航状態になると、地上にいるのとほとんど変わらないと感じるだろう。カップに飲み物をつがれても表面は水平になり、物を落とすと真下（鉛直下方）の床に落下する。仮に、すべての窓が覆いで塞がれて外が見えないとすると、乗っている飛行機が地表で止まっているのか空中を飛んでいるのか、なかなかわ

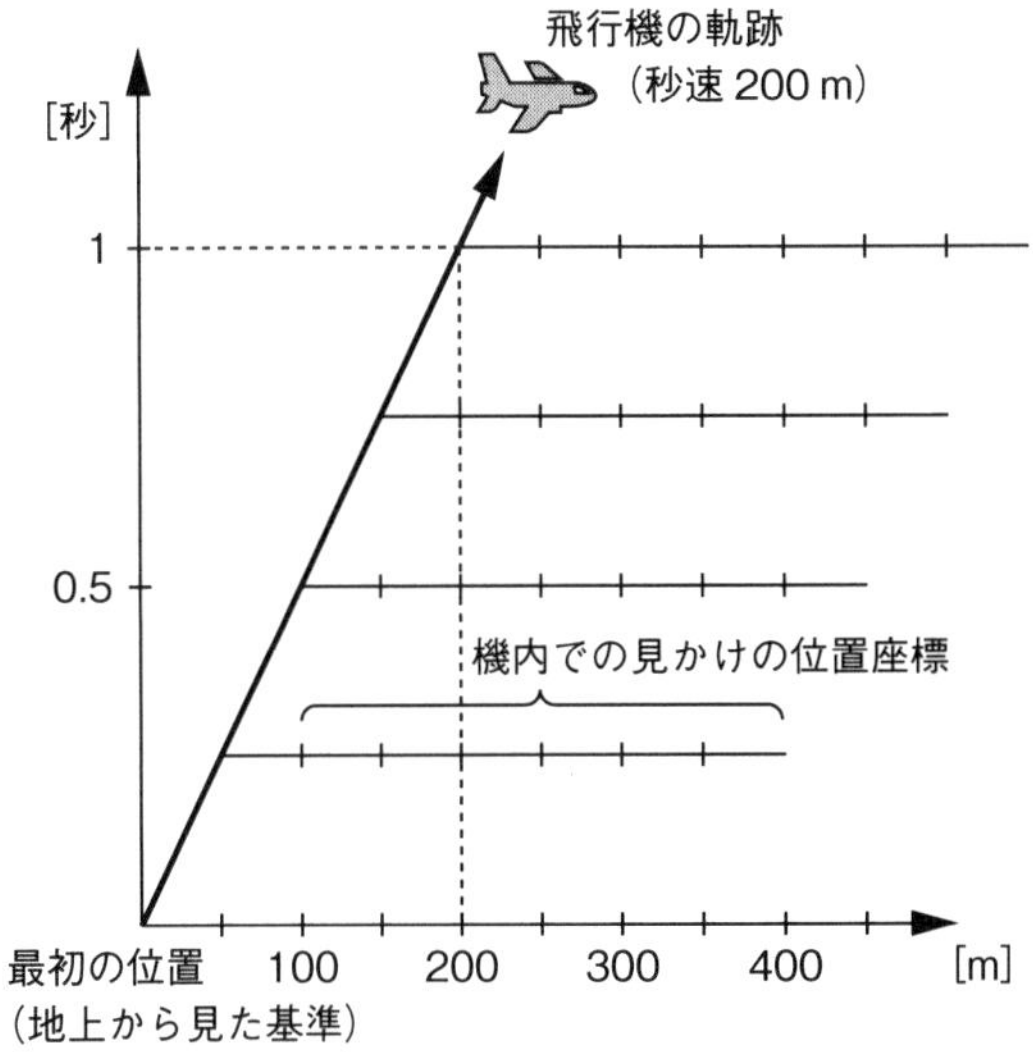

図2-4　飛行機内の位置座標

からないだろう。

なぜ、秒速200〜250メートルと音速に近いスピードで飛んでいるにもかかわらず、旅客機内部での力学的な現象が、地上に静止しているときと同じなのか？　その理由は、ニュートン力学では、機内における「見かけの位置座標」を使えば、巡航状態にある飛行機の速度によらず、地上から見たときと同じ運動方程式が成り立つからだと説明される（図2－4）。

ニュートンの運動方程式は、力が質量と加速度の積に等しいという形をしており、速度そのものの値にはよらない。

加速度は、速度が1秒間にどれだけ変化するかを表す量である。飛行機の床を前方に向かって転がるボールのスピードが、だんだんと遅くなる場合を考えよう。機内の乗客から見て、1秒間で秒速2メートルから秒速1メートルに減少したとき、乗客にとっての「見かけの加速度」は、「1秒あたり秒速1メートルの減少」である。仮に飛行機の速度が秒速200メートルだとすると、地上から見る場合、ボールは秒速202メートルから秒速201メートルになったので、やはり「1秒あたり秒速1メートルの減少」となる。速度ならば地上と機内では全く異なる値になるが、加速度の場合は、機内での「見かけの加速度」は、飛行機の速度によらず、地上から見た加速度と等しい。

一方、力と質量も（ニュートン力学の範囲内では）変化しないので、地上から見ても機内で見ても、運動方程式は同じものになる。したがって、機内での物体の運動は、飛行機の速度によらず（したがって、止まっているか動いているかにもよらず）、地上と同じになる。

見かけの上で同じ運動方程式が成り立つため、ボールを転がしても振り子運動をさせても、その結果をもとに、飛行機が地上で止まっているか巡航状態なのかを判定できない。これと同じように、力学的な実験によって、地球の公転を検出することは不可能である。

アインシュタインの相対性原理

地球の動きが検出できないのは、磁石とコイルの実験や、力学的な現象だけに限られない。19

世紀の物理学者たちは、さまざまな電磁気現象が、公転運動する地球の上でも、宇宙空間で静止している場合と同じように成り立つことを見いだした。また、19世紀にはわからなかったことだが、20世紀前半に発見された原子核や素粒子の反応も、地球の公転運動には依存しない。

地上で観測されるあらゆる物理現象が、まるで公転運動など存在しないかのように生起する。これは、公転のもたらすさまざまな影響が、前述の磁石とコイルのケースのように、見事に打ち消し合った結果なのだろうか？ しかし、そんなことが、偶然に起きるのだろうか？

1905年、アインシュタインは、地球の動きが検出できないのは、偶然ではなく、自然界の原理だと主張した。彼によれば、静止と運動は原理的に区別できないという。これが「相対性原理」であり、相対性原理に基づく物理学理論が、相対性理論（相対論）である。

相対性原理を認めるならば、「静止するエーテルが存在し、地球はそれをすり抜けながら運動する」という見方は、成り立たない。何が静止し何が運動するかを区別する基準がないのだから、「静止するエーテル」を定義できないのである。

人間的な法則・宇宙的な法則

相対性原理は、絶対的な静止が存在せず、運動する物体同士の相対的な関係だけが物理的意味を持つという主張である。この原理が何を意味するかは、宇宙からの映像が家庭に届くようになった現在では、具体的にイメージすることが可能である。

スペースシャトルや国際宇宙ステーションで撮影された映像が示すように、衛星軌道上の宇宙船内では、固定されていない物体がフワフワと浮かぶ。これが、無重力の世界である。ニュートン力学では、物体に力が作用しないとき、最初の速度のまま運動し続けるという「慣性の法則」が成り立つとされるが、この法則を地上で実感するのは難しい。しかし、宇宙ステーションの映像には、浮かんでいる物体を指でつついたとき、障害物にぶつかるまでまっすぐに進んでいく様子が映し出される。そこでは、慣性の法則が、当たり前のように成り立っている。

こうした無重力空間で、静止と運動について改めて考えてみよう。ただし、天体からの重力を考慮すると話がややこしくなるので、ここでは、あらゆる天体から遠く隔たった領域で考えることにする。

次のような状況をイメージしていただきたい。

あなたは、ガスも塵もない完全に空虚な無重力空間に浮かんでいる。周囲は絶対零度(自然界における最低温度)まで冷え切って、一筋の光も見えない。目印となる星影もなく、自分がどこにいるのか、手がかりは全くない。

ここで質問しよう。あなたは、動いているのか、止まっているのか?

無重力空間に浮かんだまま、手元にコイルと磁石を用意して、電磁誘導の実験を行う場合を考えてほしい。コイルと磁石を近づけると、コイルに接続した電流計の針が動いて、起電力が発生したことがわかる。もし、コイルを静止させて磁石を近づける場合と、磁石を静止させてコイルを近づける場合とで、発生する起電力が異なるならば、その違いをもとにして、自分が止まっているか動いているかを判定できる。しかし、実際には、磁石とコイルの相対速度が同じならば、常に同じ起電力が生じる。電磁誘導の法則をもとにしたのでは、静止と運動の区別が付けられない。

電磁気現象だけではない。無重力空間に浮かんでいるときには、バネの振動のような力学実験や、熱伝導のような熱力学の実験など、どんな物理実験を行っても、自分が動いているかどうかを決められない。相対性原理とは、こうした状況の意味を、物理学的に明確にするものである。単に、どうやっても観測できないというだけでなく、そもそも、静止と運動の区別自体が存在しない――これが、相対性原理の基本的な主張である。

ちょっと考えると、静止と運動は全く異なるように思える。われわれの身の回りでは、何かを動かすときには、エネルギーを必要とする。エネルギーを注入しない限り、あらゆる物体は静止に向かうというのが、地上で一般的に成り立つ法則である。自動車にガソリンのような燃料を入れなければ、いつかは止まってしまう。大気や海洋は、いつまでも揺らめき続けるように見えるが、これは太陽からエネルギーが供給されるからであって、太陽光がなくなれば、海洋は凍てつき大気は宇宙へと拡散して、地上に動きはなくなる。

しかし、これは、地上で見たときの法則である。人間は、地球にへばりついて生きているため、地上の法則が普遍的だと思いがちである。しかし、20世紀になって、そうした見方は、決して普遍的でないことが明らかにされた。

宇宙とは、物質のほとんどない世界である。地球の上で一般的に成り立つ法則が普遍的だと思うのは、宇宙空間に点々と浮かぶ塵のような天体の表面しか見ていない者の錯覚である。「普遍的」は英語でユニバーサルと言うが、ユニバースは宇宙のことなので、普遍的な法則とは、宇宙的な法則と言ってよい。地上に限定されず、宇宙全体に適用できる普遍的・宇宙的な法則を見いだすことが、学問の進歩なのである。

太陽がその内部にある天の川銀河は、数千億の恒星を含み、質量は太陽の1兆倍にもなるが、それでも、宇宙の中ではちっぽけな存在である。宇宙空間を漂いながら、250万光年離れたアンドロメダ銀河と重力で引き合っており、数十億年後には合体する。そのほかの銀河も、何かに固定されているわけではない。動き方に全体的な傾向性はあるものの、絶対的な基準は決められず、頼りなく漂う存在である。

地上では、あらゆる運動は静止に向かう。しかし、無重力となる宇宙空間では、何もかもがフワフワと浮かんで漂っており、静止と運動を厳密に区別することは難しい。

こうした「宇宙的な法則」を一つの原理として表現したのが、相対性原理なのである。

マクスウェルの電磁気学

地上での物理法則が宇宙空間と異なるならば、その違いをもとにして、何が止まり何が動いているかを決められるはずである。それが決められないというのが相対性原理なのだから、宇宙空間でも地上でも、物理現象を記述する方程式は、同じ形になる。電磁気学の場合、考えるべきは、マクスウェル方程式である。

前近代において、電気と磁気は、いずれも微弱な作用が空間を飛び越えて遠方に及ぶ神秘的な現象と思われていた。しかし、19世紀に入ると、電池の発明に伴ってさまざまな電気的・磁気的な現象が発見され、電磁誘導の法則やアンペールの法則（電流の周囲に磁場ができるという法則）などが導かれた。

こうした個々の法則をまとめ、電磁気の統一理論を作ったのが、ジェームズ・クラーク・マクスウェルである。マクスウェルは、電磁誘導の法則やアンペールの法則を含み、電磁気現象全般を記述する数式のセットを考案した。これがマクスウェル方程式で、電場や磁場がどのように変動するかを、偏微分方程式（変数が複数ある微分方程式）の形で表す。この方程式を使えば、あらゆる電磁気現象を解明することができる。

マクスウェル方程式は、磁場が時間とともに変動すると電場が生じ、電場が変動すると磁場が生じるというように、一方の変動が他方を誘起する形になっている。このため、周期的に変動する振動電流をアンテナに流すと、この電流によって周期的に変動する磁場が生じ、この磁場からさらに周期的に変動する電場が生まれ……というようにして、振動する電場と磁場が相互に相手を誘起しながら、アンテナの周囲に伝わっていく。これが、電磁場の波、すなわち電磁波である。

マクスウェルは、自分が発見した方程式を解いて、電磁場が振動しながら波として伝わる解を導いたが、その際に、波の伝わる速度が、常に秒速30万キロメートルになることを見いだした。この速度は、17世紀以来、すでに何度か測定されていた光の速さとほぼ一致する。そこで、マクスウェルは、光は電磁波そのものだと主張した。

光の波動説は、19世紀前半に干渉実験などによってほぼ確立されていたものの、光の実体は全くの謎だった。電気・磁気・光は全く別の現象と見なされ、それぞれが異なる媒質によって伝わるとの見方もあった。ところが、マクスウェルは、これらの現象が、ワンセットの方程式によって統一的に記述できることを示したのである。その成功は圧倒的で、19世紀後半における先端的な物理学者は、ことごとくマクスウェルの信奉者になったと言っても過言ではない。

ローレンツの挑戦

相対性原理が成り立つならば、ある電磁気現象を宇宙空間から見ても地上から見ても、同じマクスウェル方程式が成り立つはずである。しかし、そんなことが現実に可能なのだろうか？

図2-3に示した磁石とコイルの実験を宇宙空間から観測した場合、磁石を秒速30・001キロメートルで動かすことで生じる起電力と、コイルを秒速30キロメートルで磁場内部を動かすことによる（フレミングの左手の法則に従う）起電力が見いだされる。二つの起電力はともに、現実に存在する物理的な効果とされる。ただし、両者の大部分は互いに打ち消し合い、コイルに流れる電流には、ごく一部しか寄与しない。

一方、地上にいる観測者からすると、地面に対して秒速10センチメートルで磁石が動くことによる起電力だけが存在するように見える。地上ではコイルは静止しているので、フレミングの左手の法則による起電力は生じない。

このように、宇宙空間と地上では、同一の現象が全く異なるものとして観測される。にもかかわらず、相対性原理によれば、どちらもマクスウェル方程式を満たさなければならない。ちょっと考えると、ありそうもない話だが、このトリッキーな出来事がどうすれば可能になるかを明らかにしたのが、ヘンドリック・ローレンツである（ただし、ローレンツの研究はアインシュタインが相対性原理を提唱する以前に行われたもので、その物理学的な意義は、後になってから判明した)。

巡航状態にある飛行機の機内で、ボールを転がすといった力学の実験をする場合を考えよう。このとき、機内にいる人から見たボールの速度は、地上で観測されるボールの速度から飛行機の速度を減じた値になる。速度のような物理量の値は、観測する立場によって異なるのである。

同じように考えれば、電場や磁場の強度が、観測する立場によって異なっても不思議はない。ローレンツが目指したのは、宇宙空間で観測される電場・磁場を使って、公転運動する地球の上で観測したときに見いだされる電場と磁場を導くことだった。

図2−3の磁石とコイルの場合、地上で観測されるコイル内部の起電力は、磁石の運動によって生じる起電力と、コイルの運動に伴う起電力の差として求められる。この関係を式で表すと、地上での電場が、宇宙空間の電場・磁場と地球の公転速度を組み合わせた形になることがわかる(地球の公転速度が関与するのは、フレミングの左手の法則などに速度が現れるため)。磁石とコイルの実験に限らず、もう少し一般的な議論を行うと、あらゆる電磁気現象に関して、地上での電場と磁場が、宇宙空間の電場・磁場と地球の公転速度を使った式で与えられる。

宇宙空間の電場と磁場は、マクスウェル方程式を満たす。同じように、地上での電場と磁場がマクスウェル方程式を満たすことが示されれば、電磁気現象に関して、相対性原理が成り立つと結論できるはずである。しかし、ローレンツは、すぐに、これだけではうまくいかないことに気がついた。時間座標の扱いを工夫しなければならないのである。

運動に伴う時間のずれ

飛行機の機内で転がるボールの位置を表すには、飛行機の床に付けた目盛りを使うとわかりやすい。しかし、この目盛りは、緯度・経度のように地上で定義された位置座標と比較すると、刻々と動いていく。秒速200メートルで移動する飛行機ならば、機内の位置を決める目盛りは、地上の座標に対して毎秒200メートルずつずれていく(図2-4)。地上から見ると、機内の位置座標は、飛行機に搭乗する人だけが利用できるような「機内における見かけの位置座標」なのである。

空間的な位置座標は、地上と機内で別のものにしなければならない。これに対して、時間は、飛行機や地球が止まっていようと動いていようと、どこでも共通だと思われていた。ニュートンの時間観によれば、宇宙のあらゆる領域でいっせいに時間が流れる。したがって、どこにいるかによらず、共通の時間座標が一つあれば、物理現象の生起した時刻を特定できる――これが、旧来の考え方だった。

しかし、第1章で示したように、ニュートンの時間観は誤っていた。時間は宇宙全域で同じように流れるのではなく、重力の作用によって尺度が変化する。さらに、本章冒頭に記した実験デ

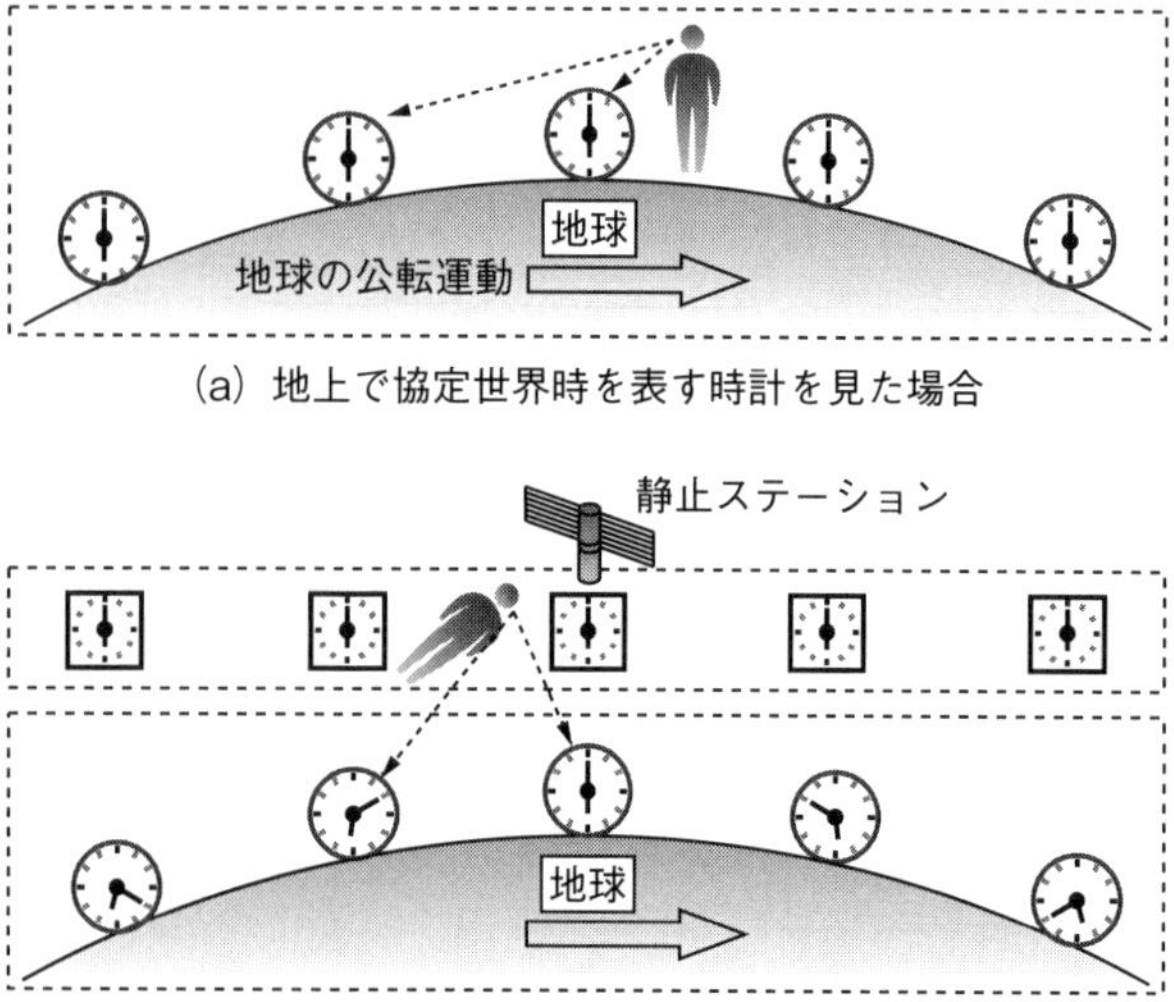
(b) 静止ステーションから地上の時計を見た場合

図2-5　地球の運動に伴う時間のずれ

ータによれば、「動く時計は遅れる」ことになり、運動状態に応じて異なる時間座標を使うべきことが示される。

実際、ローレンツが見いだしたのは、ニュートンの考えとは異なり、時間座標も、地球の動きに依存する「見かけの時間」に変更しなければならないということだった。

この見かけの時間がどのようなものかを、簡単なイラストで表しておこう。地上の各地点に、協定世界時のような共通の時間にそろえた複数の時計が配置されている。時間をそろえるには、同じ地点で同期させた時計をゆっくりと移送したり、電波信号やネット通信によって標準時計に合わせたりすることが考えられ

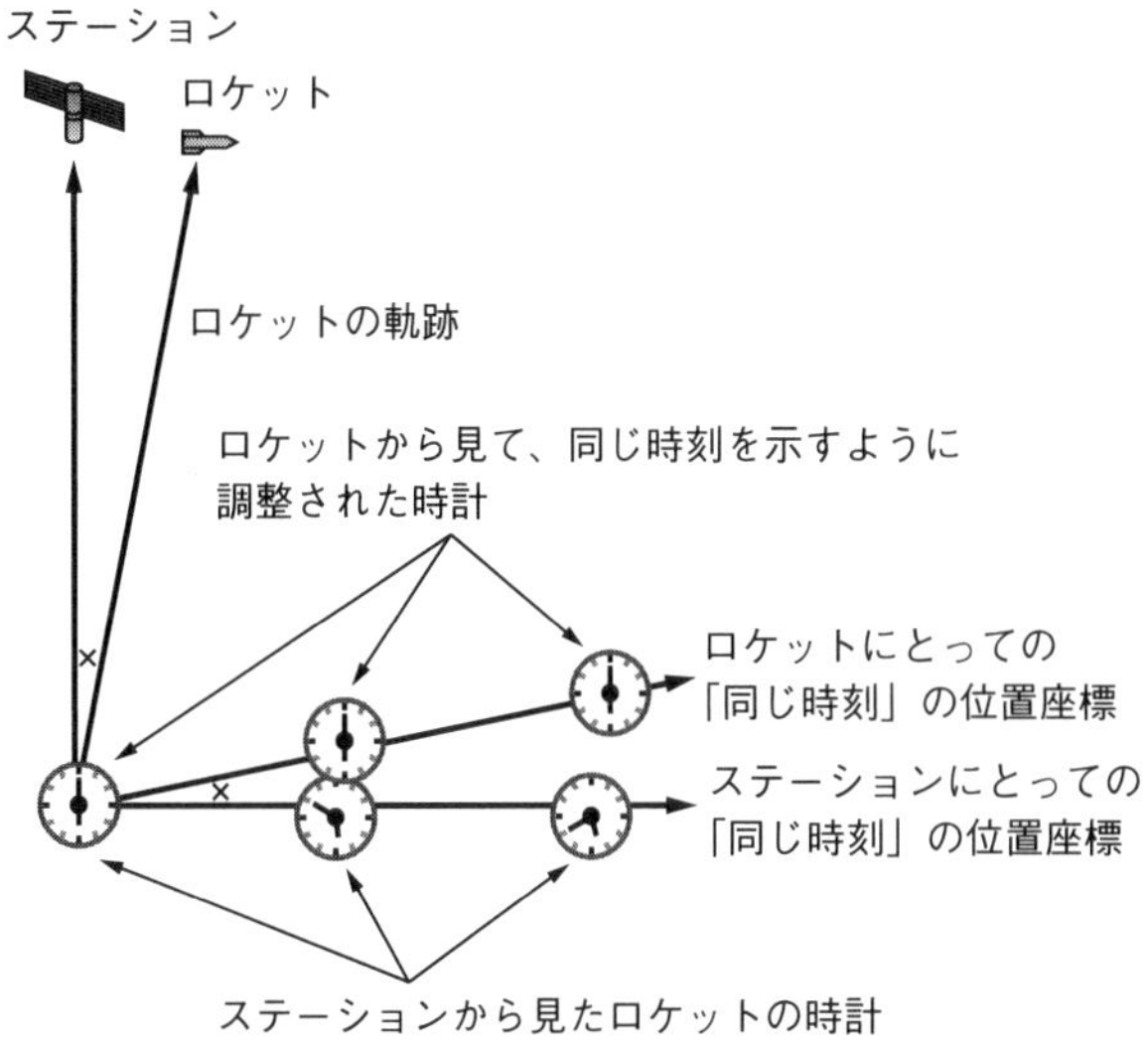

図2-6 ステーションとロケットの時間

る。地上で見ると、これらの時計は、ある瞬間に同一時刻を指し示すはずである（**図2－5**(a)。ただし、目に見える針の位置は、時計から光が到達するのに要する時間だけ遅れるので、その分を補正する必要がある）。

では、同じ時計を宇宙空間から見ると、どうなるだろうか？ ここでは、太陽からの重力に抗してホバリングする、太陽系における静止ステーションを考える。ローレンツが得た結果によると、このステーションにいる人には、地球の運動方向に沿って、時刻が少しずつずれているように観測される（図2－5(b)）。

イラストではわかりにくいという人のために、グラフでも表しておこう。ただし、地球の公転による時間のずれはごくわずかで、秒とメートルのような単位を用いてグラフに描き入れても、違いがわからない。そこで、宇宙空間に浮かぶステーションと、このステーションに対して、地球の公転速度より何千倍も速いスピードで動くロケットのグラフを描くことにする（図2‐6）。

グラフを描く場合、時間の単位が秒ならば、空間の単位はメートルではなく、光が1秒間に進む距離である1光秒（＝30万キロメートル）を用いるのが便利である。ローレンツの求めた結果によれば、この単位を使うと、図2‐6のように、ロケットから見て同じ時刻になる直線の（横軸に対する）傾きが、ロケットの軌跡の（縦軸に対する）傾きと等しくなる（等しくなる理由は、章末のコラムを参照されたい）。

相対性原理と「現在」

相対性原理の正当性を示す物理学的な根拠は数多くあるが、それよりも重要なのが、自然さである。地上での実験で地球の運動がどうしても検出されないのは、偶然が幾重にも積み重なった結果ではなく、基本原理に由来する自然界の必然だ――そうした考えに基づいて導入されたのが、相対性原理である。この原理を受け容れると、図2‐3に示した磁石とコイルの実験で、大半の効果が打ち消し合って、地面に対する運動の効果だけが相殺《そうさい》されずに残るのが、単なる偶然ではなく、原理に則った必然だとわかる。

ここで、時間のずれを表す図2－5（あるいは、グラフを用いた図2－6）を改めて眺めてほしい。ある瞬間に同一時刻を示すように地上で調整された時計なのに、宇宙空間から見ると、場所によって異なる時刻を表している。多くの人は、自分が「現在」だと感じる瞬間は、ほかの誰にとっても同じように「現在」だと思いがちだが、「時間のずれ」というローレンツが得た結果は、そうでないことを示す。

ある人が、地上の共通時間である協定世界時に基づいて「いまは3時2分だ」と思ったとすると、地上にいるほかの人たちも、（彼らにとっての）同じ瞬間に時計を見れば「いまは3時2分だ」と認識するはずである。

しかし、地球のすぐそばを通過するステーションの搭乗員からすると、協定世界時を表す地上の時計は、どれも少しずつ遅れたり進んだりしている。搭乗員にとって同じ時刻となる瞬間、地上の人々は、互いにずれた時計を見て、それぞれ「いまは3時1分だ」とか「いまは3時3分だ」とか主張するわけである。

相対性原理が成り立つ世界では、「同じ時刻」を一つに決められない。このことは、「現在（いま）」を、物理的に特別な瞬間と見なす考え方とは矛盾する。「現在」という「それだけがリアルな瞬間」が実在するなら、その瞬間が「同じ時刻」になるような運動をする観測者が、他の観測者とは異なる別格的な立場にあることを意味する。これは、静止と運動の区別を否定し、どのように運動する観測者も同等だという相対性原理の考え方と相容れない。

「未来」はまだ実現されず「過去」はすでに過ぎ去ったのだから、どちらもリアルでなく、ただ「現在」だけがリアルだ――そうした見方は、時間について多くの人が共有する考え方だろう。だが、この主張に、実験や観測で検証できる根拠があるのだろうか？　「現在」がリアルであることは、自分がまさに実感している事実である。一方、過去や未来がリアルでないように思えるのは、「いまの自分」にとってである。かつて未来だった時刻が現在になった瞬間には、そのときの自分が「現在はリアルだ」と主張するだろう。未来や過去がリアルでないと主張するだけの根拠が、いったいどこにあるのか？

相対性原理を認めるならば、「現在」だけがリアルなのではなく、「過去」も「未来」も同じようにリアルだと考えざるを得ない。「現在」という物理的に特別な瞬間など、もともと存在しないのである。どこからともなく作用して運動や変化を生み出す「時間の流れ」も、あえて想定する必要がない。「ここ」以外にさまざまな場所が存在するのと同じように、「いま」以外にもさまざまな時刻が存在するだけである。

拡がった時間と運動

過去や未来が現在と同じようにリアルだとすると、「物体が運動する」という出来事の見方が大きく変わる。

多くの人は、物体をイメージする際に、「いつの物体か」と時刻を特定することはしない。時間に依存しない物体が存在し、運動は、その物体が「時間の流れとともに位置を変える」ことと見なすだろう。しかし、現在という特別な瞬間が存在せず、過去も未来もリアルだとするならば、「時間から切り離された物体」などあり得ない。現実の物体は、過去から未来にわたって存在するはずである。

こうした状況を、「持続的に存在する」とか「存在し続ける」とイメージするのは、誤解の元である。「持続的」「続ける」という言い方には、時間が経過しても、ある物体が同じ状態を保つといったニュアンスがある。だが、相対性原理を前提とするならば、そもそも「時間の経過」がないのである。

過去・現在・未来という時間区分がなく、すべて同じようにリアルだという立場からすると、時間は、流れるものではなく、空間と同じような拡がりである。この場合、物体は、時間方向に長く引き伸ばされた存在と見なされる。

人間も同じである。われわれは、「自分」という自立した個体が存在し、これが時間の経過とともにさまざまな体験をすると考えがちである。しかし、物理学の教えるところに従えば、時間から切り離された「自分」など存在しない。物理的な「自分」とは、時間方向に長く伸びた金太

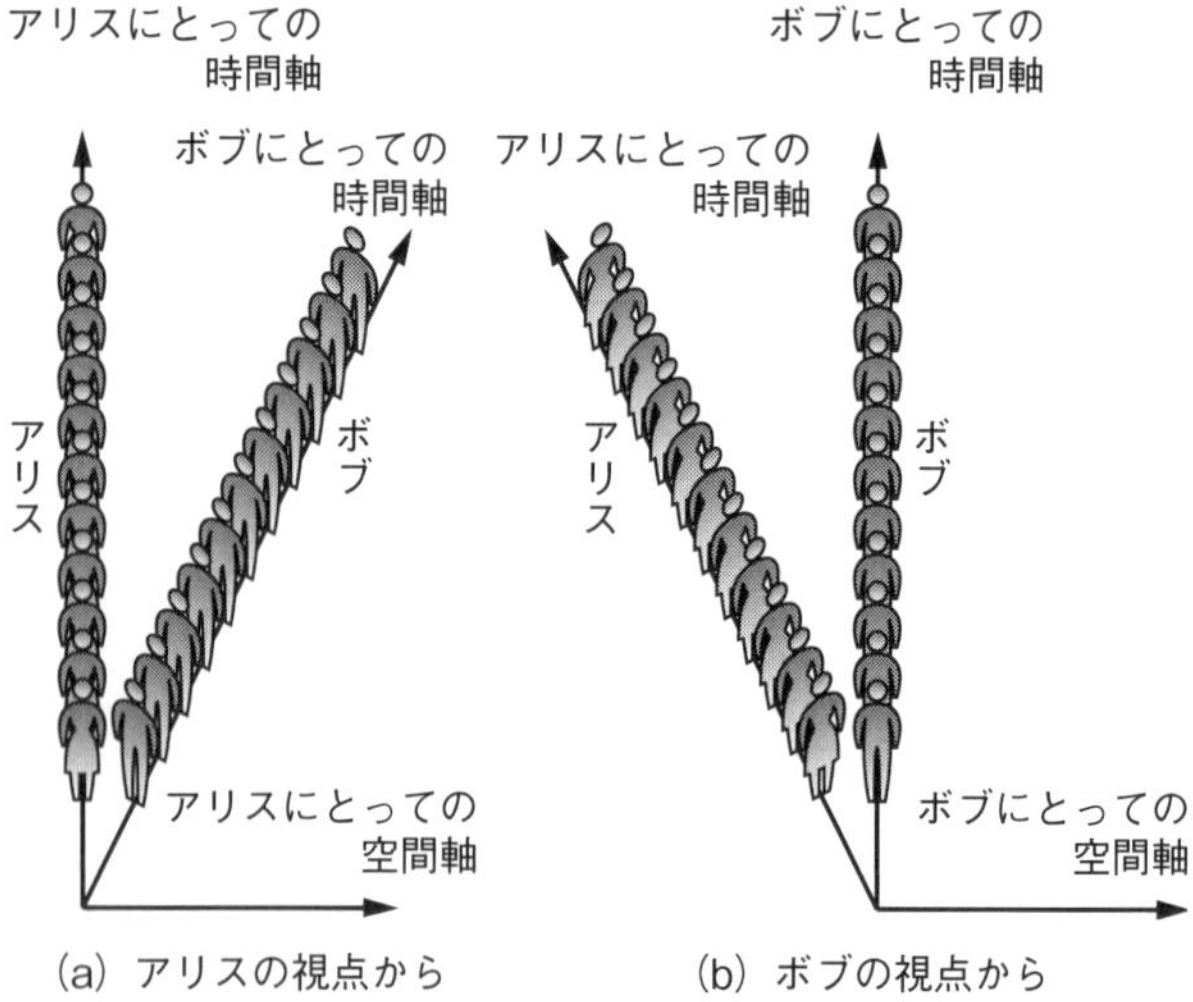

図2-7　時間方向に伸びたアリスとボブ

郎飴のようなものと言えよう。われわれが「自分」だと思っているのは、金太郎飴を途中で切ったとき、断面に現れる顔にすぎない。

実感が湧きやすいように、無重力の宇宙空間に浮かぶステーションにいるアリスと、慣性航行（推進力を用いず、慣性の法則だけに従って行う等速度運動）をするロケットに搭乗するボブという二人の観測者を取り上げたい（「アリス」と「ボブ」は、AやBという味気ない呼称を避けたいときに、よく使われる名前である）。

二人とも、原子スケールの物理現象によって時間尺度を決定する原子時計を手元に用意しており、彼らにとっての時間は、この時計で計られる。第1章でも述べたように、時間座標とは、宇宙全域に共通するのではなく、その場所にある時計によって決められるものである。

まず、アリスの視点で考えよう。アリスからすると、自分が乗ったステーションは静止しており、アリスにとっての空間座標は、自分の位置を原点とする空間軸で示される。一方、時間は、自分の手元にある時計で計られるので、時間座標を与える時間軸は、時間方向に伸びた自分と重なる。

アリスの時間軸・空間軸を使ってボブを表したのが、**図2－7**(a)である。ボブは時間方向に引き伸ばされており、アリスからすると傾いている。

一方、ボブからすると、自分のロケットは静止し、アリスの乗るステーションが動いているように感じられる。ボブの座標系としては、ボブを原点として同じ時刻の空間座標を定める空間軸と、ボブ自身と重なる時間軸が設定される（図2－7(b)）。この座標系では、アリスの方が傾いて見える。

相対性原理に基づく世界観によると、物体は時間方向に伸びた存在となり、静止や運動は、時間と空間の内部における傾きとして捉えられる。

もう少し深く知りたい人のために

時間のずれが必要な理由

電磁誘導の法則やフレミングの左手の法則、あるいは、これらを統一的に記述するマクスウェル方程式が、宇宙空間に浮かぶアリスとボブにとって同じ形で成り立つためには、両者の時間がずれる必要がある。なぜ、マクスウェル方程式が同じ形になるために、時間のずれが必要なのか？　その理由は、マクスウェル方程式の特殊な解である光の振る舞いを調べると、わかりやすい。

本文でも述べたように、マクスウェル方程式によると、電場の変動は磁場を誘起し、磁場の変動は電場を誘起する。その結果、周期的に電場と磁場が変動する電磁波が、マクスウェル方程式を満たす解となるが、この波の速度は、方程式に含まれる定数によって、秒速30万キロメートルという固定された値になる。

そこで、宇宙空間を伝わる光（電磁波の一種）を、ステーションにいるアリスとロケットに乗ったボブが観測する場合を考えよう。ステーションとロケットで同じマクスウェル方程式が成り立つのならば、光は、アリスから見てもボブから見ても、秒速30万キロメートルで伝わるはずである。

以下の議論では、光の進み方を問題とするので、時間の単位として秒、空間的な距離の単位と

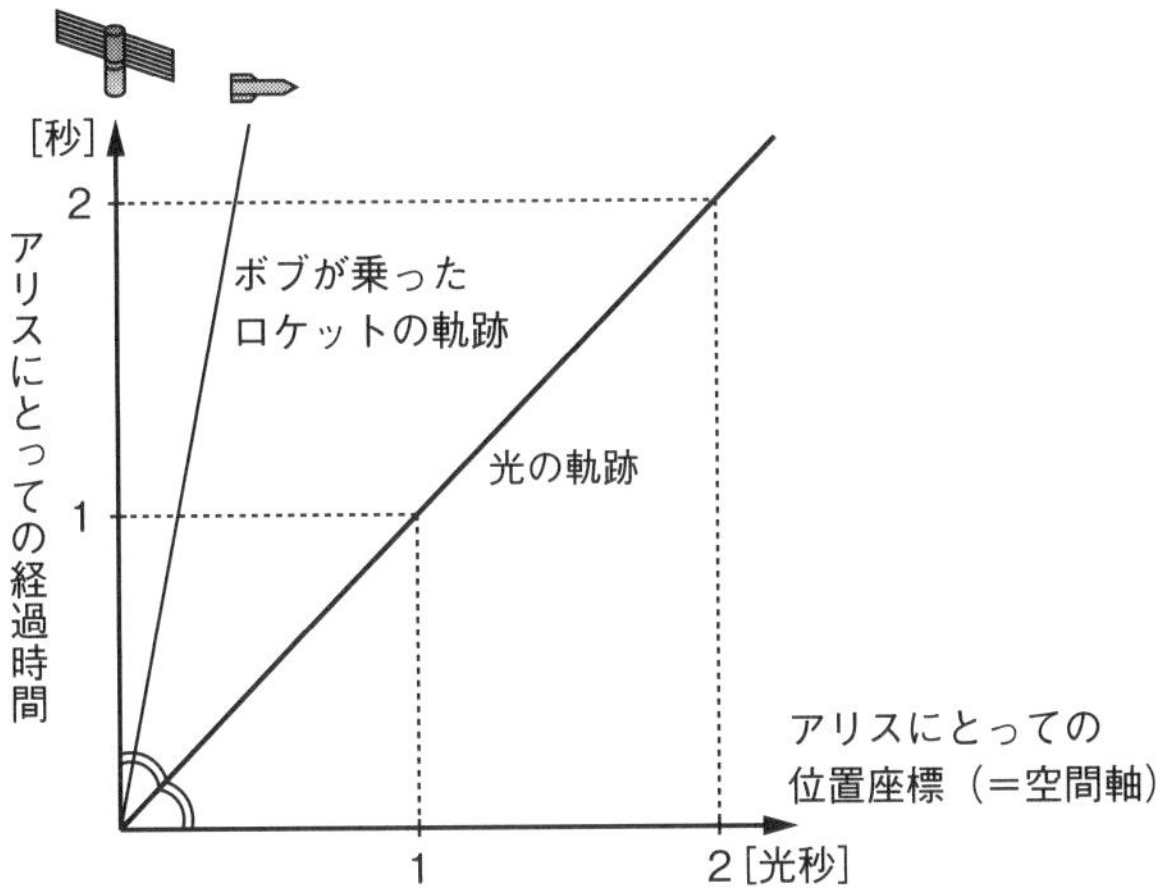

図2-8　アリスから見た光の軌跡

して、光が1秒間に進む長さである1光秒（＝30万キロメートル）を使うことにする。

アリスを基準にして、ボブがアリスとすれ違った瞬間に発射された光の軌跡を図示する（**図2－8**）。1秒と1光秒を同じ間隔の目盛りで表すならば、光の軌跡は、図の縦軸と横軸の二等分線となる。縦軸はアリスの位置と重なっており、その目盛りは、アリスが手元の時計で計る時間となる。したがって、この軸がアリスにとっての時間軸となる。一方、横軸は、ある時刻においてアリスから測った距離を表すので、アリスにとっての空間軸と見なされる。

もしボブの時計が示す時間がアリスの時間と等しいならば、ボブにとっての位置座標は（図2－4の飛行機と同じように）アリスの位置座標からずれていくので、ボブから観測される光の速さは、

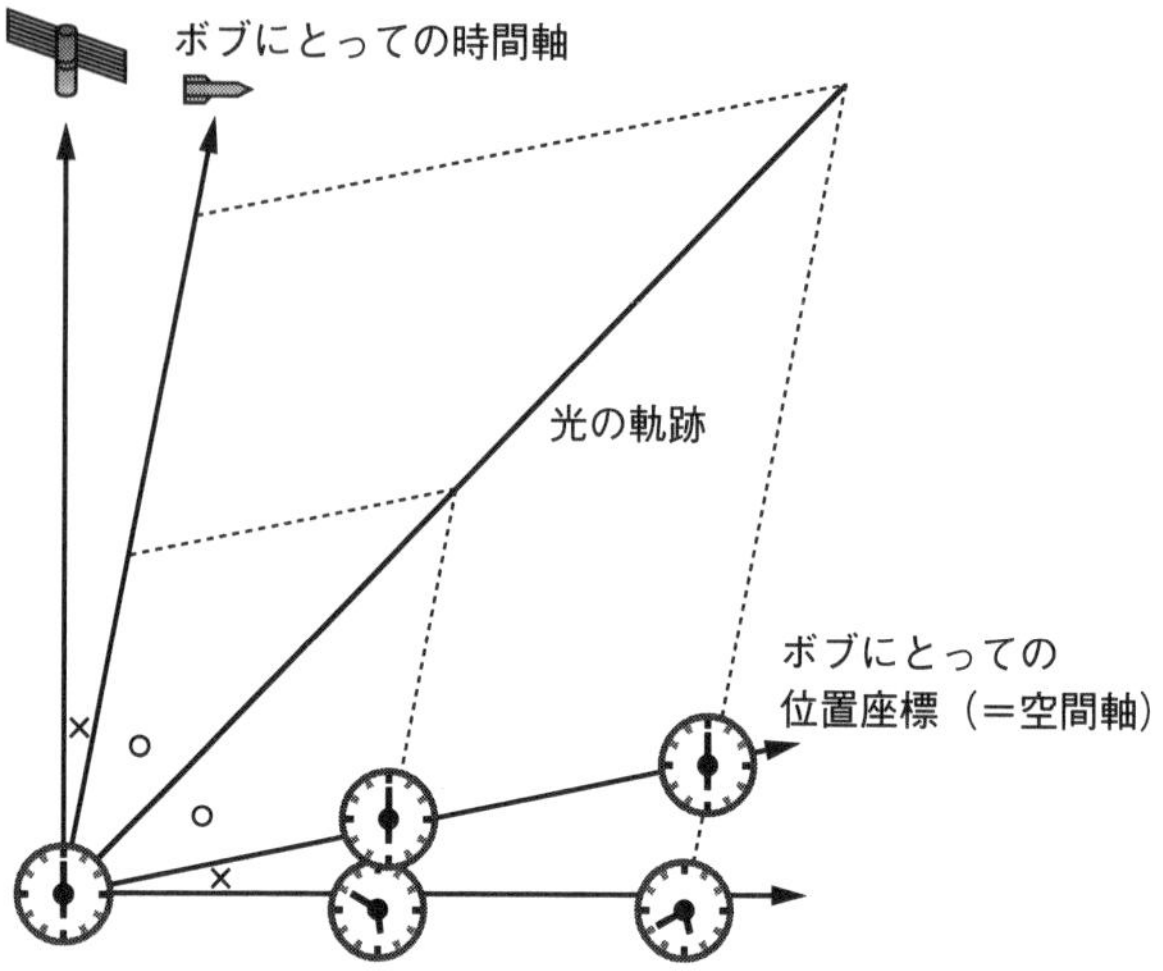

図2-9　ボブから見た光の軌跡

秒速30万キロメートルよりも遅くなる。マクスウェル方程式が成り立つならば、光速は秒速30万キロメートルのはずなので、これでは方程式が成り立っていないことになる。

それでは、ボブから見ても光が1秒間に30万キロメートル進むには、どうであればよいのか？　アリスから見た状況を表す図2－8の場合、1秒に1光秒進む光の軌跡は、アリスにとっての時間軸（縦軸）と空間軸（横軸）を二等分する直線となった。アリスにとってもボブにとっても同じマクスウェル方程式が成り立つとすれば、ボブから見ても光は1秒間に1光秒（＝30万キロメートル）進むので、光の軌跡は、アリスと同じく時間軸と空間軸の二等分線のはずである。ボブの位置を表す時間軸が縦軸に対して傾いているのだから、光の軌跡が二等分線になるには、空間軸が横軸に対して、時間軸と同じ角度だけ傾いていなければならない（図2－9）。

空間軸は、ある時刻の位置座標を表すのだから、その上のどの点も同じ時刻のはずである。したがって、ボブの乗ったロケットと同じ速度で動き、ロケットの基準時計と時刻合わせをした時計は、この空間軸上で同じ時刻を示すことになる。

一方、アリスから見ると、これらの時計の針の位置が同じになるのは、（空間軸が傾いているのだから）異なる時刻である。アリスにとって同時刻となる空間軸上では、ロケットの進行方向で遠方にある時計ほどロケットの空間軸から大きく離れるので、その分だけ遅れも大きくなる。これが、図2－5や図2－9に図示した状況である。

第3章 ウラシマ効果とは何か

時間と空間はどちらも拡がりであり、併《あわ》せて「時空」を構成する。無重力空間では、ミンコフスキーが提案した幾何学が成り立っており、時空を移動するときの道のりは、この幾何学に基づいて決定される。出発点と到達点が共通する複数のルートがある場合、その道のりは直線で結んだ場合が最も長く、空間方向に遠回りすると直線ルートよりも道のりが短くなる。移動の道のりは経過時間に等しいので、遠回りした方が移動の経過時間は短い。これがウラシマ効果であり、道のりの長さが移動ルートによって異なるという幾何学的な性質の表れである。

ここまで、第1章では重力の作用による時間の伸び縮み、第2章では運動に伴う時間のずれを紹介した。これらを事実として受け容れると、ニュートンが想定した「宇宙の至る所でいっせいに流れる時間」というアイデアが現実的でないことがわかる。それでは、時間とは、いったい何なのだろうか?

この問題を考える糸口を示したのが、学生時代のアインシュタインを教えたこともある数学者ヘルマン・ミンコフスキーである。

アインシュタインは、静止と運動を区別する絶対的な基準が存在しないことを、力学や電磁気学のような個々の理論が持つ性質ではなく、あらゆる物理法則に当てはまる自然界の基本原理と見なした。だとすると、「見かけの電場をどう定義するか」といった個別的な問題ではなく、もっと根本的なところから論じるべきである。

ミンコフスキーは、いかにも数学の専門家らしく、「根本的なところ」として、物理現象を記述するための数学的な枠組みに注目した。あらゆる物理現象は、時間・空間という枠組みの中で生起し、「いつ」「どこで」生じたかを特定できるはずである（量子論になると、この基本的な前提が少し怪しくなるが）。相対性原理を採用したとき、時間と空間がどのように表されるかが、考えるべき課題となった。

回転しても変わらない世界

相対性原理とは、静止と運動が原理的に区別できないことを主張する。無重力の宇宙空間で推進力を用いずに浮かんでいるステーションとロケットの場合、どちらかが動きどちらかが止まっているとは言えない。ステーションにいるアリスからすると、（図2－7のような位置関係ならば）自分が静止してボブが左から右へと動くように見えるが、ロケットに乗ったボブの視点に立つと、アリスの方が右から左へと動いている。二人の主張の一方が正しく他方が誤りなのではなく、どちらも同等なのである。

時間を空間と同じような拡がりとして捉えた場合、こうした「静止か運動か」という区別は、(図2－7(a)と(b)のように)どちらの時間軸が傾いているかに相当する。したがって、静止と運動が区別できないという相対性原理は、時間軸の向きを変えても、物理的な状況が変化しないことを意味する。

これが、ミンコフスキーが目を付けたポイントである。彼は、時間と空間を同等な拡がりだと見なし、時間と空間を併せた「時空」を想定した。その上で、この時空内部で時間軸の向きを変えても変化が生じないためには、どのような数学的な条件が必要になるかを探求したのである。

もっとも、ミンコフスキーが得た結論をすぐに書いても、一般の人には理解が難しいだろう。そこで、わかりにくい「時間と空間」ではなく、もう少し簡単に理解できる「2次元の空間」という枠組みで問題を捉え直してみよう。「時間と空間」については、その後で立ち返ることにする。

2次元的な拡がりを持つ空間で、座標軸の向きを変えても物理的な状況が何も変わらないのは、どんな場合なのだろうか？　この問題を論じるためのケーススタディとして、次のような状況を考えてみたい。

全く凹凸のない真っ平らな地面が無限に広がる——そんなSF的な「平面世界」をイメージしていただきたい。この世界でも、ニュートンの運動方程式やマクスウェル方程式は、そのまま成立する。バネをたわめたときの応力や、ビリヤード玉を衝突させたときの跳ね返り方も、地球の上と同じだとする。

ただし、場所や方位による違いは全くない。目印になる地形や天体はもちろん、地磁気もないので、方位磁石は役に立たない。落体の法則に関しては、どの場所でも真下に一定の重力加速度で落下するものとする。

この世界で、あなたは、コイルや磁石、振り子やバネなどのさまざまな道具を与えられ、自由に物理実験を行うことができる。好きなだけ実験をした後、あなたは、ある方位を向いて立たされ、いま向いている向きが「前方」だと言われる。それから、目隠しをされグルグルと回される。どれだけ回されたかわからなくなった頃に目隠しを外され、再び実験道具を与えられた上で、さっきの「前方」はどの方位になるか、実験で調べるように命じられたとする。さて、あなたは、実験によって「前方」を見つけられるだろうか？

答えを言ってしまおう。ここで考えている平面世界では、方位によって物理法則に差がない。このため、どの方位を向いて実験を行っても、全く同じ結果を得るので、どれだけ回転したかは決してわからない。この世界には、絶対的な方位の基準が存在しないのである。

ＮＨＫ教育テレビの人気番組『ピタゴラスイッチ』をご存じの人は、番組中で使われるピタゴラ装置（最初のきっかけが与えられると、連鎖的にボールが転がったりドミノ倒しが起きたりしながら、最終的に番組名が表示されるというからくり仕掛け）をイメージするとよいだろう。平面世界に置かれた装置全体を回転させても、全く同じ動作となるはずであり、装置の向きが変わったからと言って、ボールの転がり方やドミノの倒れ方は変化しない。したがって、こうした装置を使って方位を判定することはできないのである。

方位の判定ができないとしても、方位という概念自体が無意味になるわけではない。この平面世界の地面に、巨大な方眼紙を貼り付けることを考えよう。方眼紙の横軸・縦軸の目盛りを読み取れば、位置座標を指定することができる。横軸・縦軸を基準にすることで、平面上に置かれた物体が、自分の位置から見てどの方位にあるかも、明確に表せる。

とは言っても、方眼紙の貼り付け方は、一通りではない。もし、目隠しされている間に方眼紙全体を回転されると、どうなるだろうか？　方眼紙の横軸・縦軸の向きが変わったと言っても、もともと横方向と縦方向の間で物理法則に違いはないのだから、方眼紙を回転したかどうかを実験で検出できるはずがない。目隠しをする前に横軸方向が「前方」だったとしても、目隠しをしている間に方眼紙を回転されてしまうと、もはや方眼紙の軸は目印として使えない。バネを振動

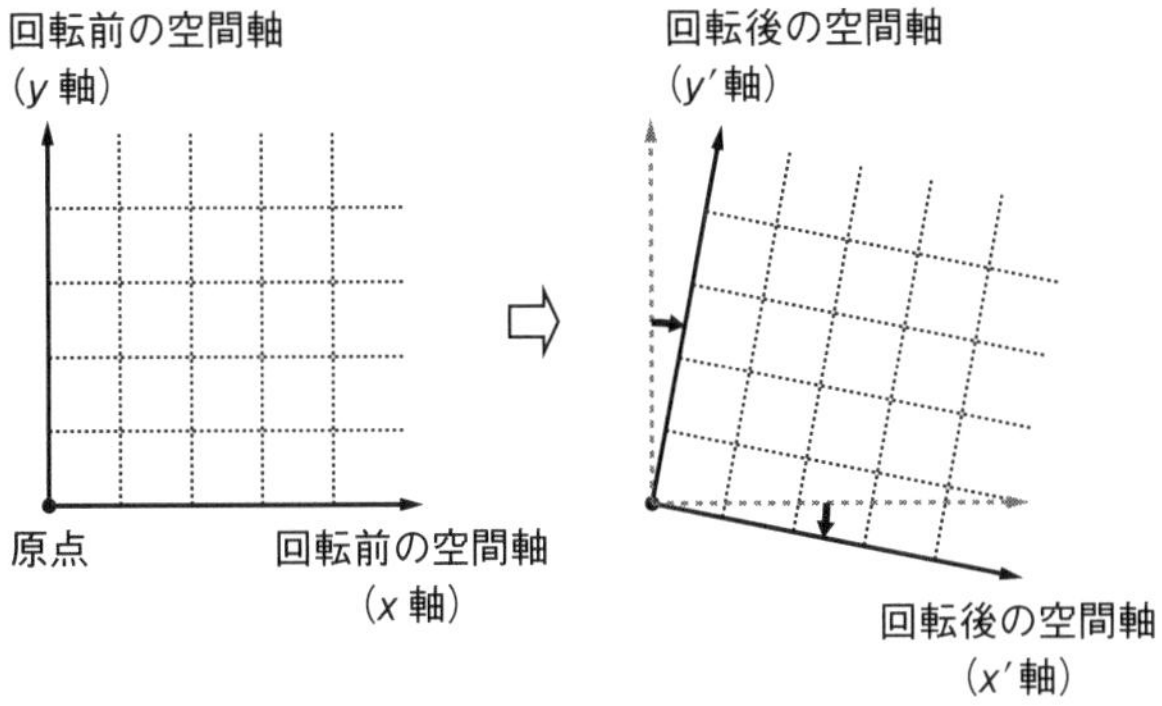

図3-1　2次元空間での座標の回転

させたりコイルと磁石を近づけたりしても、方眼紙の軸が向きを変えたかどうかはわからない。

方眼紙を回転させると、横軸・縦軸（数学におけるグラフの場合は、それぞれx軸とy軸）の目盛りによって表される位置座標も変化する（図3－1）。位置座標が変わっても差異が検出できないのは、新しい座標を用いて運動方程式やマクスウェル方程式を立てても、方眼紙を回転する前と同じ形の式になるからである。

物理学では、座標を変えても物理現象を表す方程式が元のままならば、この座標の変換に対して「対称性がある」という。地面に貼り付けた方眼紙を回転しても運動方程式やマクスウェル方程式が変わらない平面世界は、「回転対称性がある」とされる。

静止と運動の区別がない世界

ここで、平面世界という「2次元の空間」から、「時間と空間を併せた拡がり」――ミンコフスキーのいわゆる「時空」――に立ち返ろう。

地上でバネを振動させたり磁石をコイルに出し入れしたりしても、その結果から地球の公転運動を見いだすことはできない。運動方程式やマクスウェル方程式が、（重力による時間の遅れなどわずかな効果を別にすると）地表と宇宙空間で同じ形になるからである。

ステーションとロケットの場合も同じで、それぞれに搭乗したアリスとボブがどんな実験をしても、同じ方程式に従うので実験結果に差が生じず、どちらかが静止しどちらかが運動しているとは言えない。

ロケットに搭乗するボブにとっての時間軸は、ステーションにいるアリスの時間軸とは向きが異なる（図2-7）。物理現象を記述するための枠組みとして、アリスの座標系からボブの座標系に移ることは、時間軸を回転させたと言ってもよいだろう。

時間軸の向きを変えたにもかかわらず、運動方程式やマクスウェル方程式の形が同じになる。このことは、平面世界で座標を表す方眼紙を回転させたときの状況とよく似ていると言えないだろうか？

もっとも、ステーションとロケットのケースは、平面世界で方眼紙を回転させた場合と、明らかに異なる点がある。ローレンツが発見したように、静止する観測者と運動する観測者の間では時間がずれ、その結果として空間軸の向きが変わる（図2-6、図2-9）。この空間軸の変化が、

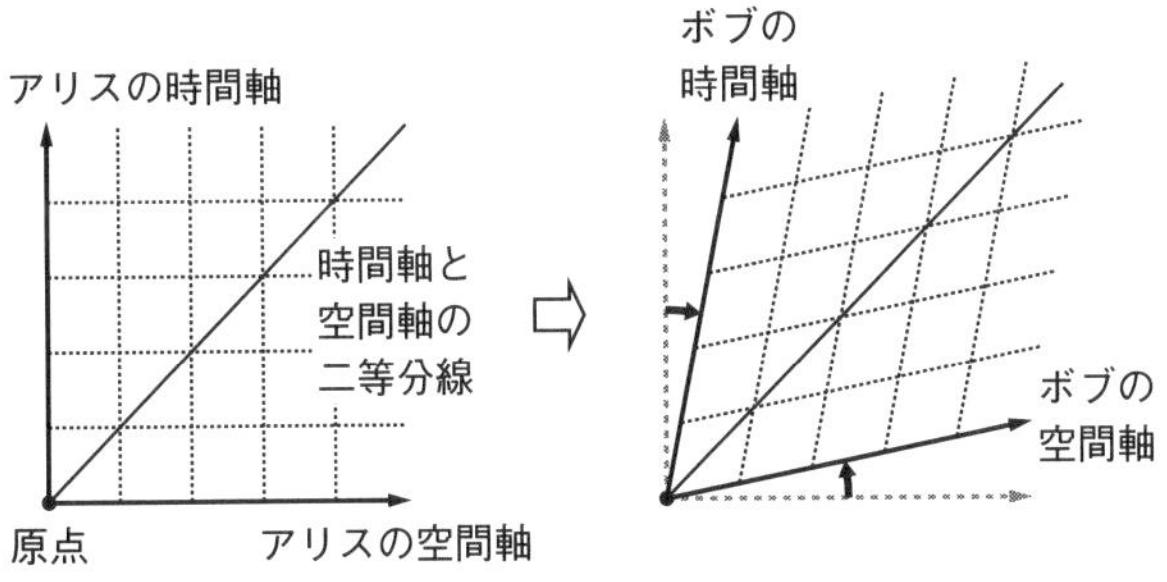

図3-2　アリスとボブの座標系

平面世界で方眼紙を回転させたときとは、反対向きになるのである。

空間軸の回転は、回した角度こそ時間軸と同じであるものの、回転の向きが逆であり、その結果として、時間と空間の座標がひしゃげた形になる（**図3－2**）。ちょっと見ると、これは、方眼紙の回転とは全く異なる変化のように見える。ところが、ミンコフスキーは、そうは考えなかった。数学者だった彼は、幾何学の定義を変更すれば、図3－1と図3－2のどちらも回転を表すことに気がついたのである。

ミンコフスキーの幾何学

「図形を回転する」とはどういう操作かと問われると、多くの人は、図形のすべての部分を、ある一点までの長さを変えないようにして、一定の角度だけ回すことだと答えるだろう。**図3－3**は、三角形OABを点Oの周りで回転させるケースを示しており、点Aは点A′に、点Bは点B′に移動する。このとき、角

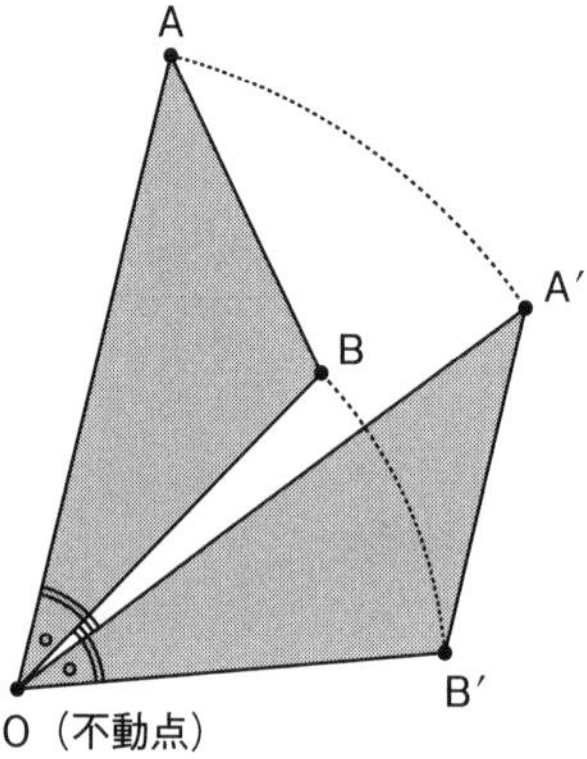

図3-3　図形の回転

ＡＯＡ′と角ＢＯＢ′は等しい。

ただし、数学的な議論をする場合、角度は必ずしも扱いやすい量ではない。そこで、角度の代わりに、長さを考えることにしよう。ＯＡとＯＢに加えて、ＡＢ間の距離も変えないように点Ａと点Ｂを移動する。この場合、3辺が等しければ三角形は合同なので、角ＡＯＡ′と角ＢＯＢ′は自動的に等しくなり、点Ａと点Ｂを点Ｏの周りで回転させたことに相当する。点の数を増やし、互いの距離が変わらないようにしながら動かしても、すべての点の回転角が等しくなり、ふつうの人がイメージする回転と一致する。

「互いの距離が変わらない」という条件は、回転させる図形が薄い平らな金属板で作られているものと考えれば、自然に満たされる。このとき、金属結晶では原子が一定の間隔で並んでおり、長さの尺度となるので、変形させずに金属板を動かせば、板上の2点間の

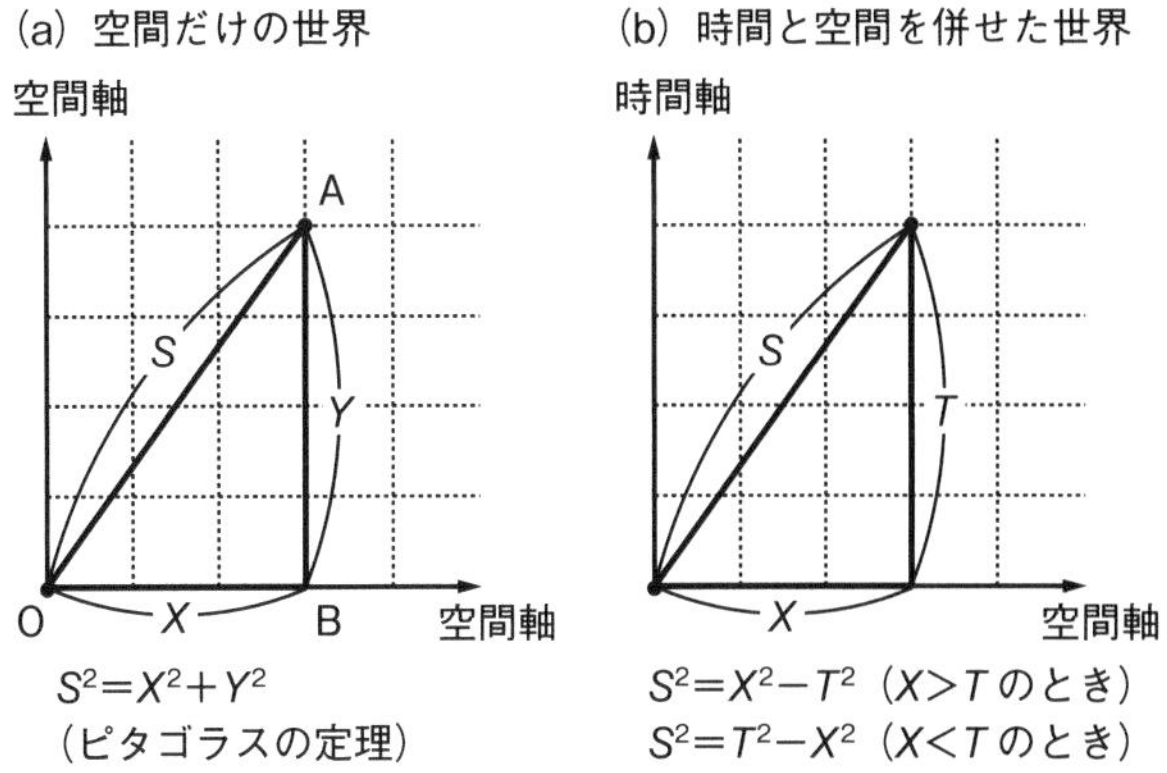

図3-4　時間・空間を併せた世界での長さ

距離は変わらない。したがって、1点を画鋲《がびょう》などで固定した状態で金属板を動かすと、許される動きは、固定された点の周りでの回転となる。

この結果をまとめると、回転とは、「回転中心となる一つの不動点（位置が動かない点）があり、すべての地点で長さが変わらないような変換」と言ってよいだろう。

そこで問題となるのが、長さの定義である。数学における長さは、物理学のように測定機器を使って実際に測るのではなく、各点の座標を用いて定義する。方眼紙のような2次元直交座標系を考えると、原点Oからある点Aまでの線分OAは、直角を挟む2辺の長さが点Aの座標XとY（の絶対値）に等しい直角三角形の斜辺となる（**図3-4**(a)）。したがって、ピタゴラスの定理を応用すれば、原点からある点までの長さを2乗した値は、各座標の2乗の和に等しい。

ミンコフスキーのアイデアは、この長さの定義を変更することである。空間の内部で長さを考える場合、ピタゴラスの定理が成り立つように定義するのが自然である。しかし、時間と空間が絡むときには、ピタゴラスの定理にこだわる必要はないだろう。

ミンコフスキーが求めた結果によると、時間と空間を併せた時空の場合、原点からある点までの長さの2乗を表す式として、空間だけの世界のように各座標の「2乗の和」ではなく、「2乗の差」にした方が、物理学の結果と調和する（図3－4(b)）。この定義では、当然のことながら、ピタゴラスの定理が成立しない。

ピタゴラスの定理が成り立たない幾何学など、どこか変だと思われるかもしれない。確かに、ミンコフスキーの幾何学は、学校で習うユークリッド幾何学とは異なる。しかし、ユークリッド幾何学を用いる議論には、時間が現れないことを思い起こしていただきたい。時間とともに変化するような図形に対して、ユークリッド幾何学を使うことはできないのである。時間と空間を併せた世界の幾何学がユークリッド的でないとしても、それだけでおかしいと非難するのは、筋違いだろう。

ミンコフスキーが与えた長さの定義をもとに、座標の回転がどうなるかを調べることができる。回転とは、「一つの不動点があり、かつ、すべての部分で2点間の長さが変わらない」ような変換である。この条件を満たすような座標変換を式を使った計算で求めると、変換後の座標系が、図3-2のボブの座標系と等しくなることが示される。この回転の結果、元の座標における時間と空間は、新しい座標では混じり合う。

もっとも、この計算は少し難しいので、ここでは、原点からの長さがゼロの点に限って見ていくことにしよう。

原点からの長さがゼロになるのは、先ほどの「2乗の差」の定義より、時間座標と空間座標の値が等しい点である。その全体は、図3-2で「時間軸と空間軸の二等分線」として書き入れたものに一致し、その線上では、原点までの長さが常にゼロになる。座標を回転させた場合、「長さが変わらない（=長さはゼロのまま）」という条件があるため、アリスとボブの座標で、時間軸と空間軸の二等分線が一致しなければならない。これは、アリスからボブの座標へと変換する際、時間軸の回転と空間軸の回転が、逆向きで同じ角度になることを意味する。

座標系の同等性

図3-2では、アリスの時間軸と空間軸が直交するのに対して、ボブの時間軸・空間軸は傾き、座標系全体がひしゃげている。この描き方では、まるでアリスの方が世界の基準となる正当な座標で、ボブの座標は、正当な座標の中に描き込んだ仮の座標のように見える。だが、これはあくまで描き方の問題でしかない。

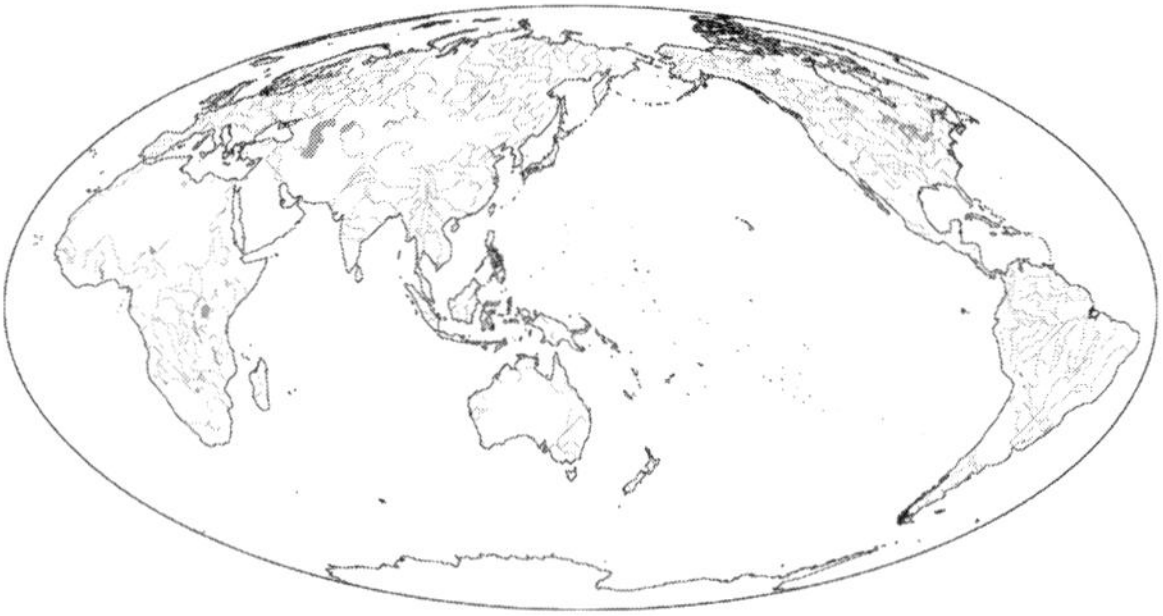

図3-5　モルワイデ図法の世界地図

よく似た例として、モルワイデ図法で描かれた世界地図を思い起こしていただきたい（図3－5）。この世界地図は、球の表面を平面に投影したもので、中心付近の形状は割と正確だが、周縁になるにつれてゆがんでくる。

ミンコフスキーの幾何学が成り立つ時空を2次元のユークリッド平面で表そうとすると、これと同じようなことが起きる。

ステーションにいるアリスの座標を基準とすると、ロケットに乗ったボブの座標は、図3－2のようにひしゃげる。しかし、ボブを基準としてアリスの座標を描くと、今度は図3－6のようにアリスの座標の方がひしゃげる。これは、モルワイデ図法の世界地図で、日本を基準にすればアメリカの形がゆがみ、アメリカを基準にすれば日本の形がゆがむのと同じような関係である。

アリスの座標とボブの座標は時空内部で座標軸の向きを変えただけで、幾何学的な性質に関しては、完全に同等であ

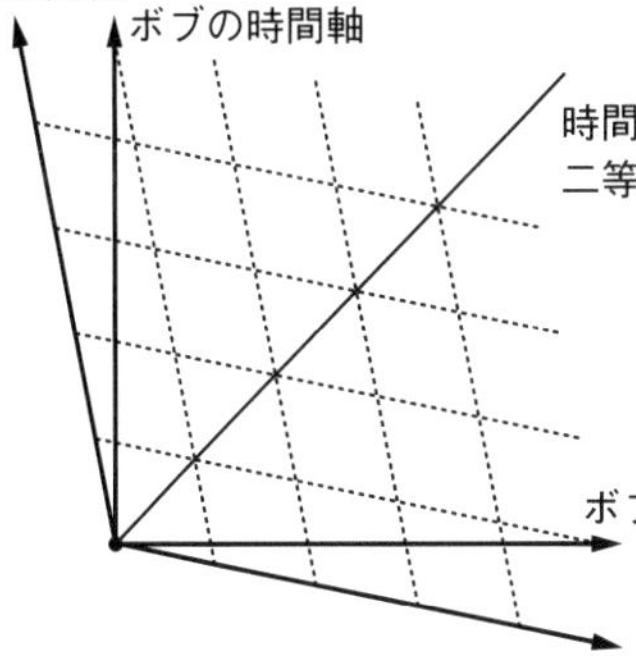

図3-6　ボブとアリスの座標系

る。各点の座標を使って2点間の距離を求めると、どちらの座標でも、距離は変わらないことが示される。幾何学的な性質が時間・空間の構造を表すとするならば、時間・空間の構造は座標を回転しても変わらない。

ミンコフスキーが明らかにしたこと

ミンコフスキーの議論に従うと、相対性原理が物理的に何を意味するかが明らかになり、それとともに、時間の本性もはっきりする。彼が得た結論を、箇条書きにまとめておこう。

(1)　時間は、「現在」というそれだけがリアルな瞬間が刻々と更新されるものではなく、空間と同じような拡がりである。

(2)　時間と空間は併せて「時空」を構成しており、座標を回転すると時間と空間が混じり合う。
(3) 時空は、ユークリッド幾何学ではなく、ミンコフスキーが提案した幾何学に従う。
(4) 座標を回転しても、時間・空間の幾何学的構造は変化しない。

(4)の性質は、時空のどの方位を向いても、世界が同じように見えることを意味する。ちょうど、平面世界でどの方位を向いても同じように見え、どんな実験をしても絶対的な方位の基準を決定できないことと等しい。

すでに述べたように、物理学では、座標を変換しても物理法則が変化しないことを「対称性がある」と言う。平面世界は、空間内部での回転に対して対称性がある。ミンコフスキーの幾何学に従う時空は、どの方位を向いても世界が同じように見えるので、時空の構造に対称性があると見なされる。

時空の対称性を物理法則にまで拡張し、時空の内部でどの方位を見ても世界が同じ物理法則に従う場合、この世界には「ローレンツ対称性がある」と言う。アインシュタインが提唱した相対性原理とは、幾何学の観点からすると、「世界にローレンツ対称性がある」という主張になる。

時間と空間の界面

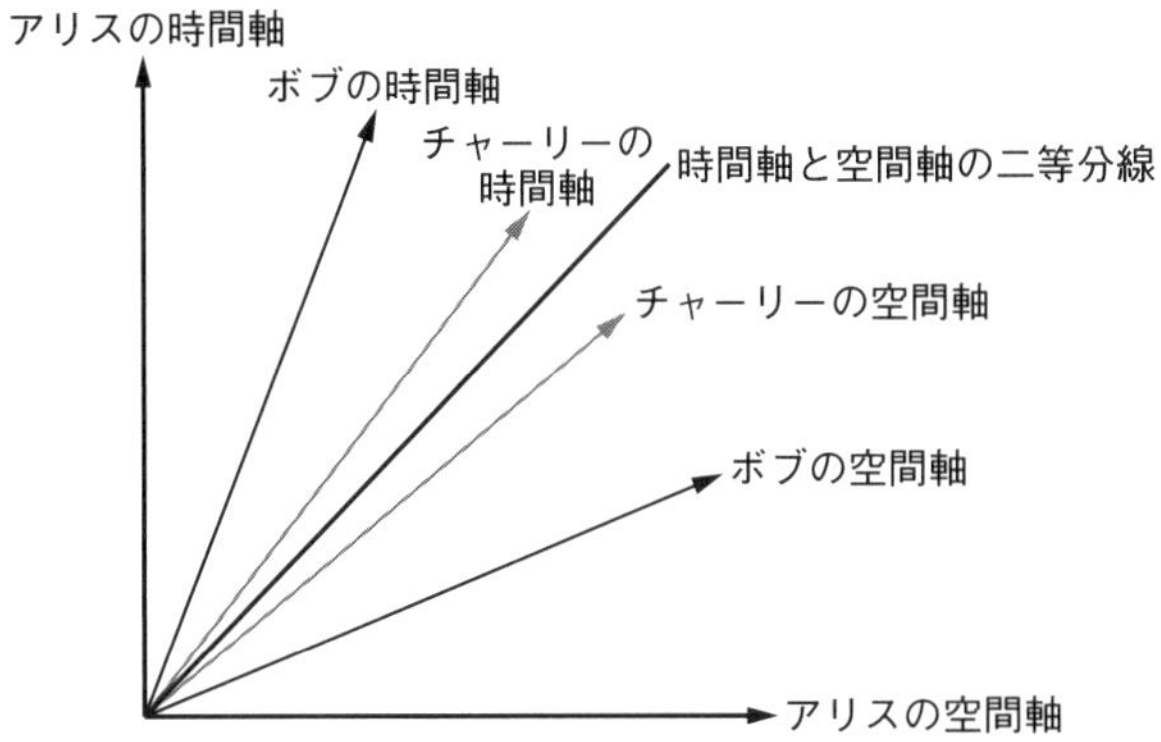

図3-7　相対速度の異なる座標系

ミンコフスキーの幾何学が成り立つ世界で、ステーションに対するロケットの相対速度はどこまで大きくできるのだろうか？　ある相対速度で運動するボブのロケットと、その2倍の相対速度で動くチャーリーのロケットがあるとして、それぞれの座標軸を図3－7に描いた。

この図から窺《うかが》えるように、ロケットを加速して相対速度を増やしていくと、時間軸と空間軸が接近する。では、ある段階で、時間軸と空間軸が交錯することになるのだろうか？

物理学の基本的な考え方によれば、時間軸と空間軸が重なったり入れ替わったりすることは、あり得ない。

多くの物理学者が信じているのは、物理現象が解析的な（変数を連続的に変化させると、値が滑らかに変化するような）関数で記述できるということである。ところが、時間軸と空間軸が重なると、時間と空間の座標を使って現象を記述することが不可能になる。物理学者の信念によれば、数学的な記述が破綻するはずがないので、時間軸と空間軸が重なるところまで加速することはできないと考えられる。

時間軸と空間軸の二等分線は、どんなに加速しても到達できない限界領域を表す。この二等分線が、言うなれば、時間と空間の界面である。物理現象が、この界面を（図3－7の左から右の方向に）横切るように伝わることは、物理現象が解析的な関数で表されるという前提が正しい限り、決して起きない。

平面世界で行ったような空間内部での回転では、座標軸をどこまでも回転することができる。しかし、時空における回転の場合、時間と空間は混じり合うが、時間軸と空間軸が界面を越えて入れ替わることはない。2次元空間と2次元時空（1次元の時間と1次元の空間を併せたもの）が異質であることを示すのが、界面の存在である。

光速は（なぜか）不変である

ロケットのような物体を加速しても、時間と空間の界面に当たる二等分線の傾きになるまで速度を上げることはできない。したがって、もし、この界面に沿って進む何かがあれば、それは、自然界における最高速度に達しているはずである。図3－7に示すように、この界面は、アリス、ボブ、チャーリーいずれの座標系でも、時間軸と空間軸の二等分線となるので、界面に沿って進む場合の速度は、どの座標系でも等しくなる。

こうした性質を持つものに、光がある。真空中（物質のない領域）を伝わる光は、常に時間と空間の界面に沿って進む。したがって、光速は、慣性航行するどの観測者から見ても、互いに等しい。

光が時間と空間の界面に沿って進む理由は、必ずしもはっきりしていない。形式的には、電磁場にゲージ対称性と呼ばれる性質があり、この性質によって、電磁場の波動（＝光）が界面に沿って進むことが保証される。だが、そもそもゲージ対称性がなぜ存在するのか、その理由は、よくわからない。

ミンコフスキーの幾何学では、時間は空間と同じような拡がりであり、時間の尺度と空間の尺度にあえて区別を付ける必要はなかった。しかし、人間が時間や空間を考えるときには、物理法則に基づく尺度ではなく、地球の自転周期や子午線の長さをもとにして作った、秒やメートルという単位を用いる。

こうした人為的な単位系を採用した結果、光速は、秒速30万キロメートル（正確に言えば、秒速29万9792・458キロメートル）という半端な数値になった。そのせいで、秒速30キロメートルというかなりのスピードで運動している地球上で見ても、方位によらずに光速が秒速29万97…という細かな端数まで一致することになり、いかにも不思議に感じられてしまう。だが、実際には、光は時間と空間の界面に沿って進むだけであって、光速の値を一定に調整するような特殊な機構があるわけではない。

時間と空間の尺度が同じになる単位系を用いれば、光速は、単位のない1という自然な数になる。例えば、時間を秒、空間を光秒（＝30万キロメートル）で測る単位系ならば、光速は、どんな座標系でも1である。

もっとも、時間の1目盛りを秒、空間の1目盛りを光秒として、物体の運動をグラフで表そうとしても、空間の目盛りが大きすぎてうまく描けない。このように、光速が1になる単位系で現象を記述するのが難しいのは、光が速すぎると言うより、人間の頭の回転（認知のスピード）が遅すぎるからである。

なぜ頭の回転がこれほど遅いのか、その理由は、第7章で改めて説明する。

ニュートリノの速度

素粒子論によると、光以外にも、時間と空間の界面に沿って進み、速度が1（ないし1にきわめて近い値）になる素粒子がいくつかある。ただし、その大部分は、原子スケールよりも遥かに短い距離しか進めないので、実際に観測するのは難しい。例外的に長距離を進むことができるのは、光以外には、（暗黒物質の候補としてすでに名前を挙げた）ニュートリノだけである。

ニュートリノは、他の物質とほとんど相互作用をしない。恒星内部の核反応などで生成されると、物質に食い止められることなく、宇宙空間をどこまでも突き進んでいく。地球にも宇宙から無数のニュートリノが降り注いでいるが、何の作用も及ぼさないまま地中を素通りする。

ニュートリノの質量はきわめて小さいため、簡単に加速される。ニュートン力学に従って運動するならば、その速度は、どこまでも大きくなるはずである。ところが、実際に観測されるニュートリノの運動速度は、どれも光速とほぼ一致する。

ニュートリノの速度が光速と一致することを明確に示したのが、大マゼラン雲内の超新星1987Aの観測である。

大マゼラン雲は、地球から16万光年の距離にある。16万年前にここで生じた超新星爆発で、さまざまの放射や物質が放出されたが、そのうち地球に到達できたのは、光とニュートリノだけである。観測結果によれば、爆発によって放出された光とニュートリノは、宇宙空間を16万年にわたって飛び続けた後、どちらも1987年2月23日に地球に到達した。最初に観測に掛かった光とニュートリノの到達時刻の差は、わずか3時間しかない。ニュートリノは、16万年もの間、ほとんど光と並んできたことを意味する。

より直接的な速度の測定も行われている。

2011年、スイス－フランス国境にある巨大加速器で人工的に発生させたニュートリノを、イタリアでキャッチする実験が行われた。この実験では、GPSで測定された発射地点と到達地点の距離が730534・61メートル(誤差は20センチメートル)、原子時計で計った発射時刻と到達時刻の差が0・0024367 4秒だった。

光が同じ距離を進むのには、0・00243680秒掛かるため、この実験結果が発表されると、ニュートリノの方が光より速いと大騒ぎになった。しかし、詳しく調べると、時計のケーブルに接続不良箇所などがあり、そのせいで、経過時間が0・00000006秒だけ短くカウントされたことが判明、ニュートリノの速度は、やはり光速とほぼ一致すると結論された。

光とニュートリノは、発生するメカニズムも素粒子としての性質も全く異なる。にもかかわらず、これだけ速度が近い値になる理由は何か? 今のところ、ミンコフスキーの幾何学が時間と空間の実態を表していると考える以外に、説明する方法は見つかっていない。ニュートリノの速度は、相対性原理が正当なことを示す実験的な根拠の一つである。

運動する時計の遅れ

ミンコフスキーのアイデアによれば、時間と空間はどちらも拡がりである。したがって、時を計る装置である時計も、ある実体が時間の流れとともに変化するのではなく、時計そのものが時間方向に拡がって存在すると考えるべきである。

時計の機能は、クォーツ時計における水晶の振動のように、何らかの振動現象によって実現される。ふつうの人は、時間から切り離して水晶という実体を想定し、これが時間とともに振動を続けるとイメージするだろう。しかし、物理学的な観点からすると、水晶は時間方向に拡がって存在しており、ある瞬間の断面を見ると、その時刻に応じた原子の配置となっている。こうした状況は、場所によって表情が少しずつ異なる金太郎飴をイメージすると、わかりやすいだろう。

時計とは、時間方向に伸びた物差しだと言ってよい。ちょうど、一定の原子間隔を尺度として長さの測定ができる金属製の物差しと同じように、時間方向に伸びた時計は、原子などの振動周期を長さの尺度とする〝時間の物差し〟なのである。

二つの時計が、一定の相対速度で離れていくケースを考えよう。ニュートン力学の見方では、時計が時間の流れとともに空間内部を動く過程と思われるだろう。だが、時間と空間を併せた拡がりの中で見ると、二つの〝時間の物差し〟が、（ちょうど図2－7に描いたアリスとボブのように）互いに斜めに傾いていると見なすことができる。

一般に、ある物差しの目盛り間隔を、斜めになった別の物差しで測ると、相手の目盛り間隔が自分の間隔とずれているという結果を得る。

図3－8には、物差しAの目盛り間隔を物差しBで測定する場合を描いた（物差しBの目盛り

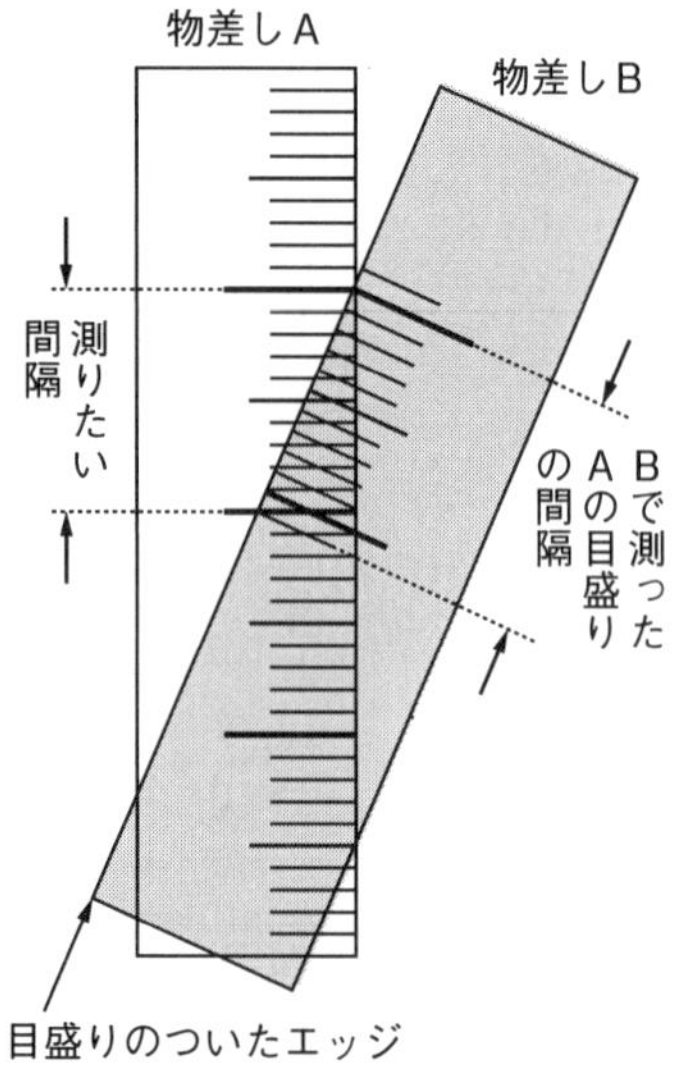

図3-8　互いに斜めの物差し

は、見やすいように一部分だけを記した）。最小の目盛り間隔を1ミリメートルとし、目盛りのついたエッジを使って物差しAの10ミリメートル分の目盛り間隔を測ると、11ミリメートルあるように見える。

もちろん、物差しAが伸びたわけでも物差しBが縮んだわけでもない。実際、同じ状態のまま、物差しAを使って測定すると、今度は、物差しBの目盛り間隔が11ミリメートルだという結果になる。互いに相手の物差しの目盛り間隔が伸びたように見えるが、これは、二つの物差しが斜めになったせいであって、現実に伸び縮みが起きたのではない。

互いに運動するアリスとボブが、手元に時計を持っている場合を考えよう。このとき、アリスとボブの時間軸は互いに傾いているので、斜めになった二つの物差しと同じように、相手の時計の進み方が自分の時計と異なるように観測される。これが、第2章の冒頭で述べた「動く時計は遅れる」という現象である。

この遅れは、互いに斜めになった物差しのケースと同様に、あくまで見かけのものであり、現実に時間の尺度が変化したわけではない。アリスからするとボブの時計が遅れるのだが、ボブの目にはアリスの時計が遅れるように見える。実際には、どちらの時計も同じように時を刻んでおり、天体近くで重力作用を受ける時計のように、現実に遅れるわけではない。

ウラシマ効果

これまで説明に使ってきたアリスとボブは、すれ違った後、どこまでも離れていくばかりだった。しかし、ボブの乗ったロケットが途中で逆噴射し、向きを変えてアリスの元に戻ってくることもあり得る。このとき、アリスとボブの時計はどうなるのだろうか?

互いに一定の速度で運動する時計の場合、どちらか一方の時計が遅れるわけではない。どちらから相手を見ても、単に〝時間の物差し〟が傾いているだけなので、同じように時計の遅れが観測される。ところが、一方の時計の速度を変えて、二つの時計を再び同じ位置まで持ってくると、速度を変えた時計の方が遅れている。速度を変えたことによって、二つの時計は対等でなく

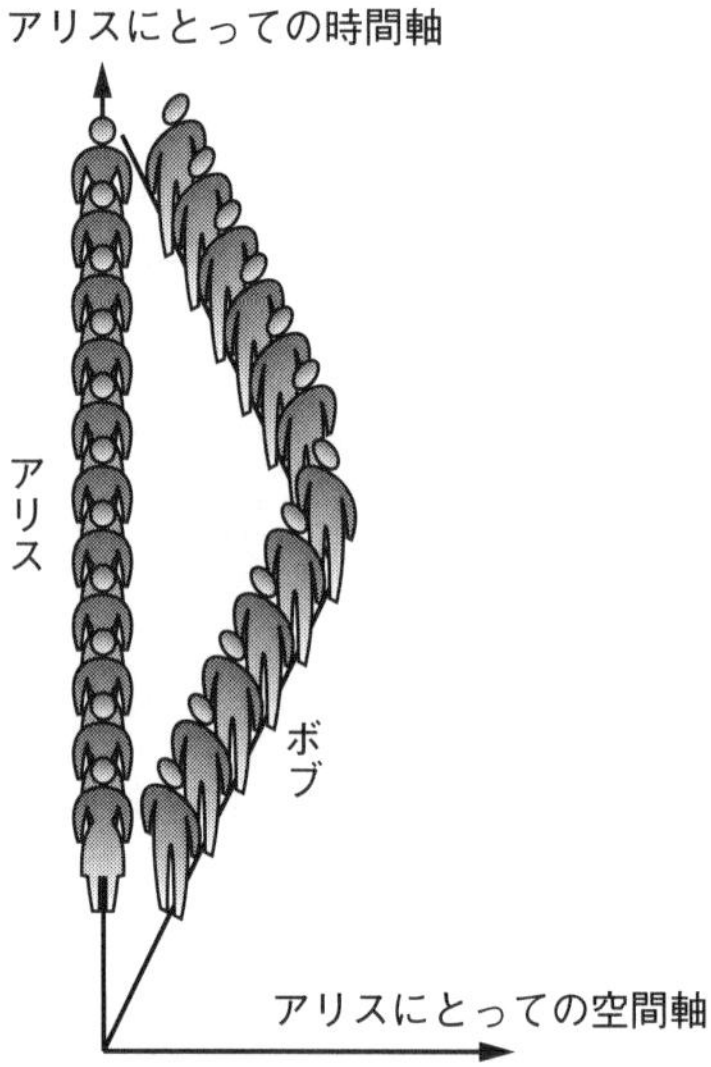

図3-9　ウラシマ効果

なったのである。

いったん離ればなれになった後に再会したとき、それぞれが体験した時間の長さが異なることは、相対論的な効果の中で特に印象的なようで、「ウラシマ効果」と命名されている。竜宮城を訪れた浦島太郎が故郷に帰ると、そこでは、自分が体験したよりもずっと長い年月が経っていたという民話にちなんだ用語である。

「時間は宇宙全域で一様に流れる」というニュートン的なイメージを持っていると、ウラシマ効果は理解しがたい奇妙なことのように思えるだろう。しかし、時間が拡がりであることを踏まえて、時間と空間を併せた2次元の世界を想定すると、決して不可解ではないことがわかる。

アリスとボブのケースで説明しよう。ボブの乗ったロケットは、いったんアリスのステーションから離れた後、向きを変えてアリスの位置まで戻ってくるものとする。時間と空間を併せた拡がりで考えると、アリスが出発点と到達点を結ぶ直線をまっすぐに進んだのに対して、ボブは回り道をしたことになる（図3－9）。

歩数計で道のりを測定することを考えると、まっすぐ進んだ人と回り道をした人で歩数が異なるのは当たり前である。アリスとボブが進んだ道のりは、彼らが携《たずさ》えた時間の物差し（＝時計）で計られる。二人は違うルートを進んだので、時間的な道のり（＝時計が示す経過時間）が異なっていたとしても、奇妙なことではない。

ただし、空間内部での回り道は、直線ルートに比べて必ず道のりが長くなるのに対して、時間と空間を併せた世界では、回り道をした方が経過時間が短くなる。これは、（図3－4(b)にも示したように）ミンコフスキーの幾何学では、長さを定義するのに時間部分と空間部分の差を取るせいである。空間で遠回りすると、道のりはかえって短くなる。

それぞれのルートに沿った道のりは、移動する当人が体験する時間に等しい。したがって、別れてから再会するまでの時間は、ボブの方がアリスよりも短い。出発時点で同じ年齢だったとすると、再会したときには、ボブはアリスより若くなっている。

ウラシマ効果は、すでに多くの実験で確認されており、もはや疑うことのできない事実である。こうした実験には、主に、高性能の原子時計が利用される。例えば、飛行機に原子時計を積み込んで長距離を飛行した場合、地上に残した時計よりも、フライトをした時計の方が、理論的な予測通りに遅れる(=経過時間が短くなる)ことが確かめられている。

時間と空間の計量

時間は、空間と同じような拡がりである。もし、凹凸の全くない平面世界と同じように、2次元の時空でどの方位を向いても幾何学的性質に差がないのならば、時空内部で回転しても違いがわからない。これが、「静止と運動の間に絶対的な区別が付けられない」という相対性原理の根拠である。

しかし、仮想的な平面世界と同じように、この宇宙の時空にも凹凸がなく、どの方位を見ても同じだと言えるのだろうか? 実は、そうではないことがわかっている。

どこまでも続く地面が完全に平面ではなく、盛り上がったり窪《くぼ》んだりした場所があると、物理現象に場所による差が生じる。地面でボールを転がすと、盛り上がりや窪みの周辺で自然とカーブする。盛り上がった場所の途中に置かれたボールは、外部から力を加えなくても自然に転がり始め、窪みの底に達すると動きを止める。これと同じようなことが、時空でも起こり得る。

重力の作用があると、第1章で述べたように、場所によって時間の尺度が変化する。ところが、時空内で回転して見方を変えると、時間と空間は混じり合うので、時間の尺度だけが変化するとは言えず、時間と空間を併せた時空の尺度が変化する。アインシュタインの考えによると、こうした尺度の変化を生み出すもとになるのは、エネルギーである。質量はエネルギーの一種なので、天体のように巨大な質量を持つ物体があると、そのエネルギーによって周囲で時空の尺度が変化する。

本を読んでいるとき、うっかり水をこぼすと、紙面がゴワゴワになり部分的に浮き上がる。これは、紙面における長さが変化したからである。紙は微小な繊維がより合わさってできており、それぞれの繊維における原子間隔や繊維同士の間隔を通じて、紙面上での長さの尺度が決まる。ところが、紙が水を吸うと繊維が移動し、それに伴って、紙面での長さが変化する。紙が平面だったときに比べて2点間の長さが伸び縮みすると、平らでいられなくなって、波打つように部分的に浮き上がったりするのである。

重力の作用で時空の尺度が変化し、部分的に長さが変化すると、時空は平坦ではいられなくなり、ちょうど水を吸った本のページが浮き上がったり波打ったりするのと同じように、時空がゆがんでくる。尺度変化に起因する時空のゆがみは、光の伝播や物体の運動といったエネルギーの移動を伴う現象の進行方向を、重力源に引き寄せる向きに変化させる。

時空がゆがむとき、ミンコフスキーの幾何学もそのままでは成り立たなくなり、場所によって長さの尺度が変わる効果を取り込む必要が生じる。そうした幾何学は、形式的には、ミンコフスキーの幾何学と、19世紀に開発されていたリーマン幾何学を合体させたものであり、1913年に、アインシュタインと数学者グロスマンの共同研究で提案された。

ニュートンは、重力の効果がなぜ生じるかは明らかにできず、天体が別の天体に及ぼす重力は、空間を越えて一瞬のうちに伝わると仮定せざるを得なかった。しかし、時空のゆがみならば少しずつ周囲に伝わると考えられる。重力とは、時空のゆがみによって物体の運動を変える作用を表す。

アインシュタインは、新たな幾何学に基づいて、時間と空間の尺度の変化を与える方程式を導いた。このとき、各地点において尺度を与える量は、その場所で物差しを使って長さを測った結果を定めることから、「計量場《けいりょうば》（metric field）」と呼ばれる（metric は、フランスでメートル法を定めた際に、「測るもの／測ること」を意味するギリシャ語メトロンから作られた造語メートル mètre に由来する）。場所ごとの計量場はエネルギーの分布によって決定され、与えられた計量場の内部で光や物体がどのように進むかは、計量場を含む運動方程式から求められる。

時間と空間は、過去から未来にわたる宇宙のあらゆる地点における拡がりであり、その場所に固有の尺度を持つ。これが、時間・空間に関する現代物理学の基本的な考え方である。

もう少し深く知りたい人のために

光速不変性は原理か

相対性理論が建設される過程で、特に重要な貢献をした科学者として、科学史に詳しい人なら、ローレンツ、ポアンカレ、アインシュタイン、ミンコフスキーの名を挙げるだろう。

ポアンカレ以外の3人の業績は、本文で簡単に説明した。数学者のアンリ・ポアンカレについて詳しく触れる余裕はないが、ローレンツの業績を発展させ、互いに等速度運動をする観測者間の座標変換が、数学でいうところの「群」を構成することを指摘した。また、1898年に著したエッセイ風の小論で、時間が絶対的でない可能性に言及しており、1904年の論文では、相対性理論にあと一歩のところまで迫った。

興味深いことに、相対性理論の完成に貢献した4人の科学者のうち、「真空中の光速は常に一定になる」という光速不変性を原理として重視したのは、アインシュタインだけである。ローレンツとポアンカレは、マクスウェルの電磁気学を前提としていたが、相対性原理とマクスウェル方程式を組み合わせると、光速不変性は方程式から即座に導けるので、原理と見なす必要はない。

それでは、なぜアインシュタインは、光速不変性を原理だと仮定したのか?

彼は、相対論を発表する直前に、「光が、ふつうの波ではなく、エネルギーの塊のように振舞う」という光量子論《こうりょうし》を提唱していた。マクスウェル方程式を認めるならば、光は波として伝わるはずなので、光量子論とマクスウェル方程式は両立しがたいように見える。

アインシュタインは、自分の光量子論に絶大な自信を持っていた。光量子論が正しければ、マクスウェル方程式はそのままの形では成り立たないはずなので、この方程式を前提として議論を展開することは適切ではない。そこで彼は、「光速は光源の速度によらない」という光速不変性を、相対論を構築するための前提としたのである。

しかし、1920年代末になって、マクスウェル方程式に「量子化」と呼ばれる補正を施せば、光量子論が導けることが示される。このため、あえて光速不変性を原理と見なさず、マクスウェル方程式を前提としてもかまわないことが判明したのである。

現在では、相対性理論の原理となるのは、本文で説明したローレンツ対称性だと考えられており、少なくとも理論物理学者は、光速不変性をあまり重視していない。

第 II 部

時間の謎を解明する

われわれは問題の核心に到達した。「時間とは何か」。古典物理学の静的時間と、われわれが生活の中で経験する実存的時間との間にある、カント以来の対立を受け容れなければならないのか。

イリヤ・プリゴジン、イザベル・スタンジェール『混沌からの秩序』（伏見康治ほか訳、みすず書房、1987）284頁

第4章

時間はなぜ向きを持つか

■■■

時間には「過去から未来へ」という方向性があるが、これは、時間がこの向きに流れるからではなく、宇宙の時間的な端に相当するビッグバンが特殊な状態だった結果である。ビッグバンは、きわめて整然とした均一な高温状態だった。この状態から空間が膨張すると、ビッグバンから遠ざかる向きに不可逆変化が起きるので、時間に方向性が生じる。

振り子時計といえば、「振り子は、支点から重心までの距離が同じならば、周期が（ほぼ）等しくなる」という等時性に基づいて時間の長さを計る道具だが、これとは別の特性を利用した振り子時計も考えられる。風などがなければ、振り子の振幅は減少する一方で、いったん弱まった振動が盛り返すことはない。このため、振幅の大きさによって、時間の経過を見積もることが可能になる。

振幅が減少するのは、最初におもりが持っていた力学的エネルギー（運動エネルギーと位置エネル

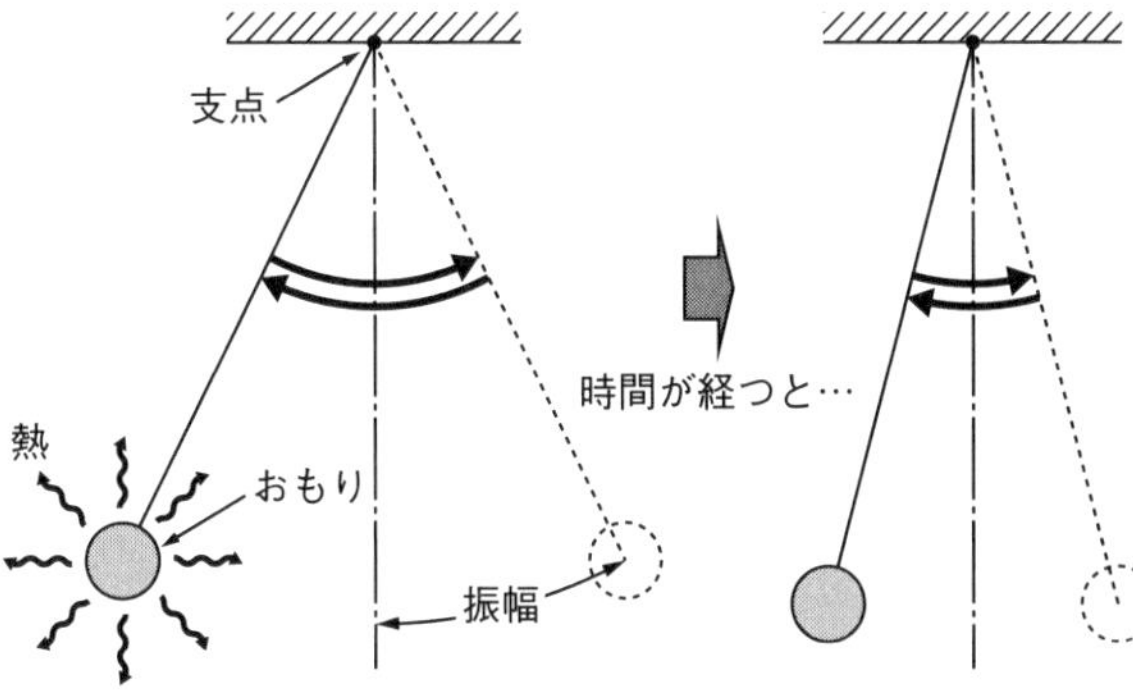

図4-1　振り子運動のエネルギー散逸

ギーの和）が、支点での摩擦や空気抵抗によって熱に変わり、周囲に散逸するからである。熱エネルギーは、原子・分子が持つエネルギーであり、おもりという特定部分に偏《かたよ》っていたエネルギー分布が均《なら》されたと言える（図4－1）。

摩擦や空気抵抗で毎秒何ジュールのエネルギーが失われるかはっきりしないので、振幅の減少に基づいて経過した時間を正確に求めるのは難しい。しかし、振幅の変化という熱力学が絡んだ現象には、等時性のような力学的性質にない重要な特徴がある。それは、過去と未来が明確に区別されるという点である。

振り子の振動をビデオ撮影し、順方向ないし逆方向に再生することを考えよう。振幅の変化が認められないほどの短い期間ならば、同じ振幅・同じ周期で振り子が行ったり来たりする光景が映し出されるだけなので、順再生か逆再生か区別できない。しかし、振幅が変化するほど長い期間見るならば、振幅の大きい方が過去、小さい方が未来だとわかる。逆再生した場合には、小さかった振幅がだんだん大きくなるという、明らかに不自然な映像になる。

逆再生すると自然には起きない過程になる変化は、「不可逆変化」と呼ばれる。日常生活の範囲では、物理現象のほぼすべてが不可逆変化である。不可逆変化は、エネルギー分布が不自然に偏っているとき、この分布を均そうとする自然な作用によって生じることが多い。

ただし、生命現象まで含めると、エネルギー分布の偏りを均そうとする過程以外にも、逆再生が不自然になる不可逆変化が存在する。生物の成長はその典型で、卵から毛虫、蛹《さなぎ》を経て蝶になることはあっても、その逆は決して起きない。こうした変化は、時間経過とともに複雑な構造が形成される過程であり、振り子の振幅が減少するようなエネルギーの散逸過程とは異質である。

こうした異質なものも含めて、われわれが目にする変化には、「過去から未来へ」という明確な方向性がある。それでは、この方向性は何に起因するのだろうか？ 時間そのものに、過去から未来に向かう性質があるのだろうか？ それとも、別の原因によって、過去と未来が分かたれるのだろうか？

熱の流れとエントロピー

振り子の振幅が減少するケースでは、熱の流れによってエネルギーが散逸し、不可逆的な変化となる。熱の流れで生じる不可逆変化に関しては、熱力学が適用できる。

古くから経験的に知られていたように、熱は、必ず温度の高い領域から低い領域へと流れる。コップに入ったジュースに氷を浮かべると、氷が溶けてジュースの温度が下がるが、これは、ジュースから氷へと熱が移動したからである。氷から流出した熱でジュースが温まることは、決して起こらない（物理学に〝冷たさ〟という概念がないことに注意）。

熱や温度は、原子スケールでのエネルギーの移動と関連する量だが、イメージをつかむためだけならば、水を思い描くとわかりやすい。水が流れるのは、水面の高さに差がある場合で、必ず水面の高い方から低い方へと流れる。ここで、水面の高さを温度、移動する水量を熱量に置き換えてイメージすれば、熱が温度の高い領域から低い領域へと流れることが、すんなりと受け容れられるだろう。

熱の流れる向きは、温度の高低で決まる。このことを、数式で表したのが、19世紀中葉の物理学者ルドルフ・クラウジウスである。彼は、移動する熱量と温度を組み合わせて、エントロピーと呼ばれる量を定義した。その定義によると、エントロピーは、熱が高温領域から低温領域へと流れるときに増大し、逆向きの流れが起きると減少する。したがって、高温領域から低温領域へと熱が流れるのが物理的必然であるならば、エントロピーは、時間の経過とともに必ず増大する。この法則を、「エントロピー増大の法則」と呼ぶ。

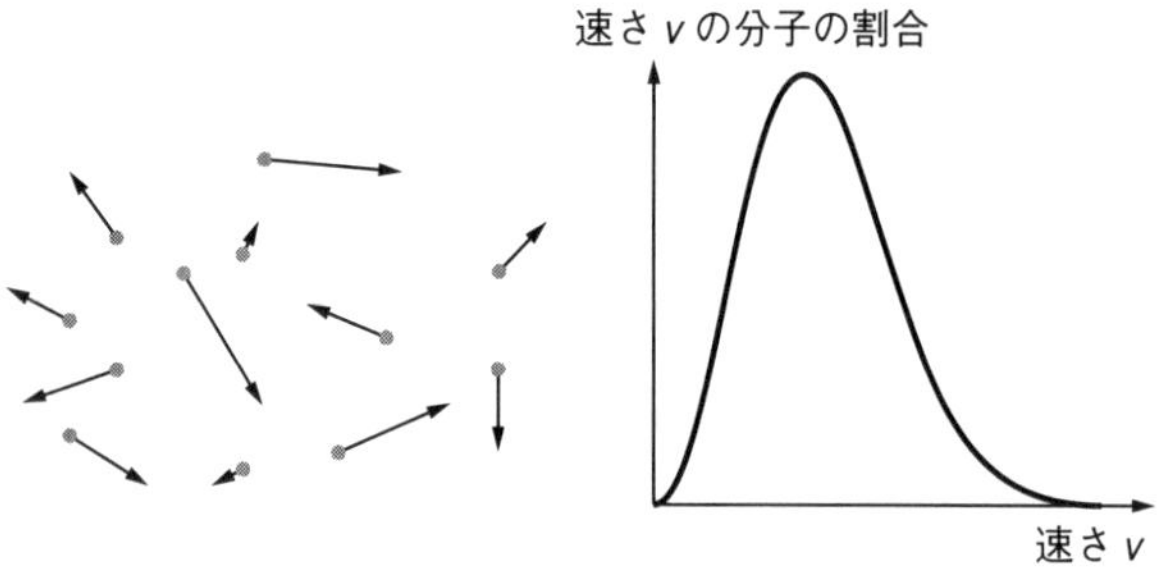

(a) さまざまな速度で運動する気体分子　(b) 理想気体の速度分布（マクスウェル分布）

図4-2　気体分子の速度分布

エントロピーが何を意味するかは、19世紀後半にルートヴィヒ・ボルツマンが明らかにした。ごく大ざっぱに言えば、多くの物がエネルギーをランダムにやりとりすると き、エネルギーの分配が偏った状態から、確率的に実現されやすい状態へと自然に移っていくという考えである。エントロピーは、特定のエネルギー分布が実現される確率と関係する。

容器に密封された気体について、全エネルギーが一定値だとして、これがそれぞれの気体分子にどのように分配されるかを考えよう。

分子はどれも同じようだからといって、エネルギーが均等に分配され、すべての分子が同じ速さで飛び回るわけではない。全エネルギーを分子に分配する仕方は無数にあり、分子同士や分子と容器壁の衝突によってエネルギーがやりとりされるため、それぞれの分子が持つエネルギーは頻繁に変わる。

しかし、分子の衝突が続くと、分配の偏りはしだいに均されていき、最終的には、確率的に最も起こりそうな分配のパターンに落ち着く。ボルツマンは、いくつかの仮定を置くと、エネルギーの分配が、カノニカル分布と呼ばれる一般的なパターンに収束することを示した。理想気体の場合は、分子の速度分布がマクスウェル分布というなだらかなカーブに一致する（図4－2）。

エントロピーは、ランダムにエネルギーがやりとりされるうちに、特定の分配パターンが偶然実現される確率によって定義される。分配の偏りが均され、より実現されやすいパターンに近づく過程では、エントロピーが増大する。最も実現されやすいパターン（理想的なケースではカノニカル分布）はエントロピーが最大の状態で、ここに到達すると、もはやエネルギー分配がほとんど変化しない平衡状態となる。

エントロピーと秩序

改めて、振り子の振幅が減少するケースを考えよう。おもりが空気中を運動するとき、気体分子と次々に衝突する。このとき、多くの気体分子が、ちょうどおもりの動きを後押しするような速度でぶつかり、おもりが加速される——という可能性は低い。それよりも、おもりとぶつかることで気体分子の速さを増す確率の方が、遥かに高い。その結果、おもりに集中していたエネルギーが、少しずつ気体分子へと受け渡されていく。

不可逆変化とは、一般に、偶然に生じる確率が低い不自然なエネルギー分配の状態から、確率的に実現されやすい状態へと移行する過程である。つまり、不可逆変化が起きるためには、まず、エネルギー分配が不自然な状態が存在しなければならない。振り子の例で言えば、おもりを平衡点から大きくずらして、振り子運動を開始させる必要がある。日常生活の範囲では、こうした不自然な状態は、人間が意図的に用意することが多い。

人間にとって、自分たちの生活に都合の良い「秩序ある状態」は、熱力学的に見ると、エネルギーがひどく偏って分配されており、エントロピーは小さい。物理的に自然な過程によってエネルギーが移動すると、人間の目には無秩序に見える状態に移行する。エントロピーの増大が、しばしば無秩序化と見なされるゆえんである。

ここで疑問が生じる。現実に起きる物理現象の大半が、一定の方向性を持つ不可逆変化だということは、宇宙が始まった時点で、エントロピーの小さな「秩序ある状態」が実現されていたことを意味するのだろうか？　この問いに答えるためには、宇宙の始まり——ビッグバンに注目しなければならない。

ビッグバンのパラドクス

われわれの住む宇宙の歴史は、138億年前のビッグバンまでたどることができる。ビッグバンとは、もともと「大きなバーンという爆発音」を意味する言葉で、宇宙が極端な高温状態から始まったとするジョージ・ガモフの理論に由来する。

ビッグバンのイメージとしてガモフの脳裏にあったのは、トリニティ実験（1945年にニューメキシコ州で行われた人類初の原爆実験）の際に生じた火球だと言われる。核爆発の直後、爆心には太陽のような輝きを放つ巨大な火球が形成され、その表面温度は数十万度に達した。宇宙の始まりも、核爆発の火球と同じような高温状態だったと思われたのである。

もしビッグバンが、その名の通りの大爆発だったとすると、宇宙はカオス的な状態から始まったことになる。そこからさらにエントロピーが増大し、時間に向きを与えたとは、考えにくい。

ところが、観測データが集まるにつれて、ビッグバンの様相は爆発と全く異なることが明らかになってくる。宇宙は、カオス的な爆発とは正反対の整然とした状態から始まったのである。

ビッグバンの瞬間に何が起きたか、その状況を直接示すデータはない。ビッグバン直後は、電子などの荷電粒子が飛び回る高温プラズマ状態だったため、光が散乱され情報を伝えられないからである。しかし、ビッグバンから38万年ほど経つと、電子が原子に取り込まれて光の進行を邪魔しなくなる。結果的に、その瞬間に発せられた光は散乱されることなくまっすぐ進み続け、1

38億年経った今なお全天から降り注いでいる。これが宇宙背景放射である。

宇宙背景放射は、1964年に衛星通信用に地上に設置されたアンテナで初めて観測された。指向性の高いホーンアンテナをどの方向に向けても、同じような背景放射が観測されることから、初期の宇宙におけるエネルギー分布は、ほとんどムラがないとわかっていた。しかし、大気による吸収があるため、地上では精密な観測がしにくい。

そこで、アメリカ航空宇宙局（NASA）は、赤外線測定器を搭載した探査機COBEを1989年に打ち上げ、数年にわたって背景放射の継続的な観測を行った。

背景放射は、同じ放射を行う物体（正確に言えば、光の反射などを行わない黒体と呼ばれる仮想的な物体）の温度で特徴付けられる。宇宙からの背景放射は、温度がほぼ零下270℃（自然界の最低温度である零下273・15℃を零度とする絶対温度で表すと、2・725度）の物体の放射と等しい。COBEの観測結果は、この温度が場所によってわずかに異なっており、その揺らぎが10万分の1程度であることを明らかにした。

COBEの観測を主導した物理学者2名は2006年のノーベル物理学賞を受賞したが、このときの主たる受賞理由は、背景放射に場所による差異があることを見いだしたというものだった。それまでの観測では、場所による違いを検出できず、密度の差に起因する物質の凝集がどのように始まったのかわからなかったからである。しかし、宇宙における時間の問題を考える場合は、揺らぎがわずか10万分の1しかなかった点こそが重大である。

10万分の1の揺らぎとは、どんなものなのか。容器に、小麦粉を10センチメートルの厚さに敷き詰める場合を考えよう。小麦粉粒子の大きさは数十分の1ミリメートルなので、場所による厚さの違いが10万分の1とは、小麦粉一粒の何十分の1かのデコボコしかないことを意味し、見た目には完璧なまでに平坦な状態である。同じ厚さの金属ならば、表面に髪の毛一筋（0・05〜0・08ミリメートル）ほどの傷もなく、鏡のように光を反射するだろう。

爆発の場合は、核爆発にせよ、ガス爆発や粉塵爆発にせよ、連鎖反応によって微小な粒子が次々とエネルギーを放出する過程なので、エネルギー分布が完全に均一になることはない。必ずムラがあり、それに伴って、温度は場所によって大きく変化する。ところが、宇宙の始まりとされるビッグバンには、爆発に必然的に伴うはずの揺らぎが見られない。これは、きわめて不自然な状態だと言える。

爆発のような高温状態でありながら、きわめて整然としている――ビッグバンが持つこうした奇妙な性質が、その後の宇宙の歴史を決定づけたと言ってよい。

ビッグバンがほとんど揺らぎのない状態である理由は、完全には解明されていない。最も有力なのが、「ビッグバン以前にインフレーションと呼ばれる加速度的な膨張があり、そのせいで揺らぎが均されたから」という仮説である。加速度的な膨張の途中で場の状態が変わり、内部に潜《ひそ》んでいたポテンシャルエネルギーが解放されて、ビッグバンの高温状態が実現されたと考えられる。ただし、実証的なデータは乏しく、また、さまざまな種類があるインフレーションのうちどれが起きたかについて、理論家の見解は一致していない。

ラテン語に「タブラ・ラサ」という表現がある。タブラは文字を記すために用いられた石板を指す。ラサは英語のerasedにあたり、こすってきれいにした、という意味である。哲学・神学では、生まれたばかりの魂の状態を表すのに、「何も書かれていない石板のような」という比喩として、この語が用いられることがある。この比喩を使うならば、宇宙の始まりは、〝まっさらな〟タブラ・ラサだった。

変化はビッグバンから始まる

ビッグバンは、きわめて均一性の高い整然とした高温状態であり、そこから空間全体が膨張していった。だからこそ、これを端緒とする不可逆変化が必然的に生起したのである。「なぜ過去から未来へという方向性があるか」という謎に対しては、「宇宙の始まりが整然としたビッグバンだったため、この完璧な状態が崩れていくという形で、時間の方向性が生まれた」と答えることができる。

現在でも、宇宙は、ビッグバンの均一性を反映して、どの方向を見ても同じような姿をしている。どこかにエネルギーが集中すると、重力の影響で時間の尺度が変化するが、太陽系の近くには巨大なブラックホールもなく、まるで宇宙全域で同じ時間が流れているように感じられる。ニュートン的な時間観が生まれた背景には、こうした事情がある。

ビッグバンという整然とした状態が崩れる過程は、いくつかの段階を経て進行した。まず、天体が形成されるまでを見ていこう。

ビッグバン直後、至る所に満ちていたエネルギーは、電磁場をはじめとするさまざまな場を振動させる。高温の空間は、さながら激しく沸騰する熱水のように沸き立っていた。電磁場の振動エネルギーは、空間の膨張とともに希薄化されて、ビッグバンから何百万年も経つうちに、真空と見分けがつかないほどの低エネルギー状態に落ち込む。

だが、専門用語でスピノルと呼ばれるタイプの場では、電磁場とは異なる現象が起きる。スピノル場では、量子効果によって定在波が生じ、場の振動エネルギーが特定の値になる共鳴状態を形成する（量子効果によって波動性が生じることは第1章で述べたが、スピノル場で起きる物理現象は、結晶の形成などよりも、もう少し複雑である）。共鳴状態は、あたかもエネルギーの塊のように内部に振動エネルギーを保持する。その結果、空間が膨張しても、内部のエネルギーが希薄化されることはない。この塊が、電子や陽子・中性子（あるいは、これらの構成要素であるクォーク）のような、物質を構成する素粒子なのである。

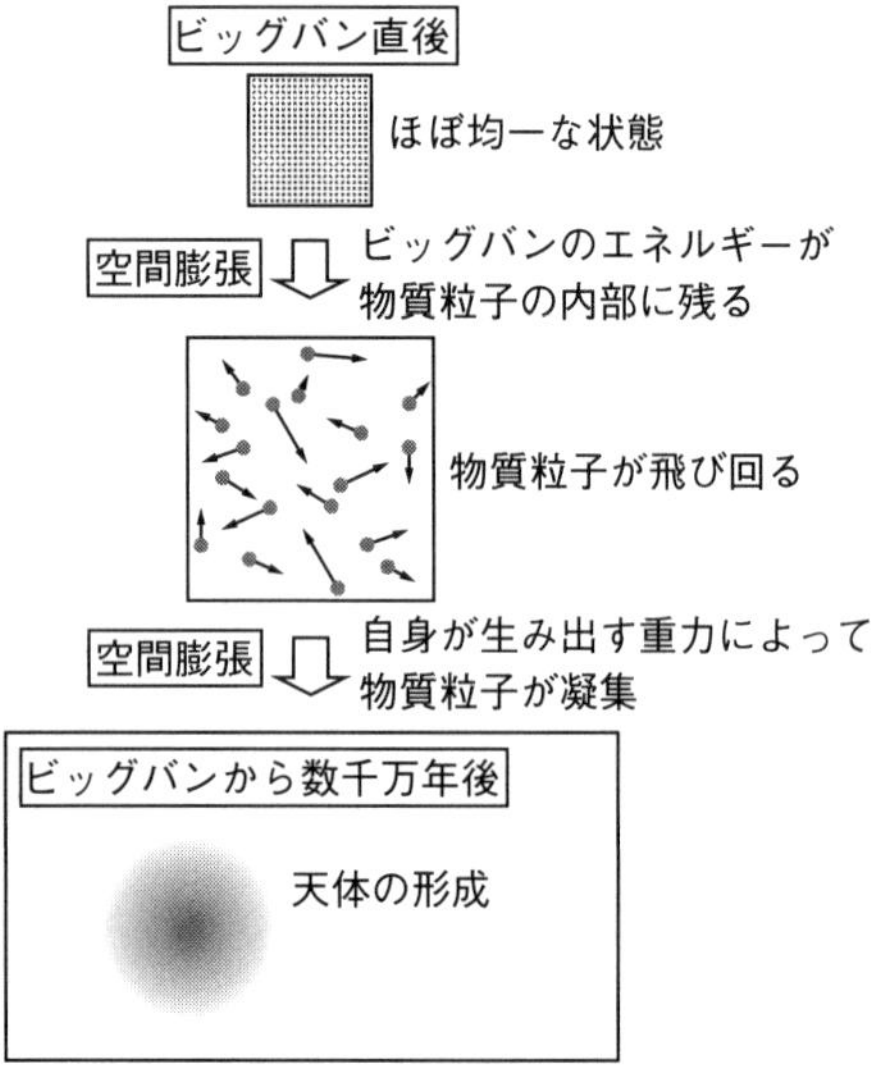

図4-3　初期宇宙の変化

宇宙に存在する物質は、ビッグバンのエネルギーが希薄化されず、共鳴状態の振動エネルギーとして保持されたものと言ってよい。

一般相対論によれば、エネルギーが存在すると、周囲の時空における長さの尺度が変動する。この尺度の変動が、重力である。ビッグバン直後の高温状態では、少々の重力が作用しても、運動エネルギーが大きいために物質粒子が凝集することはない。しかし、空間が膨張しエネルギー密度が低下すると、重力によって物質が凝集し始める（図4－3）。

ビッグバンの高温状態から冷えていく際の状態変化は、水蒸気を封入したボイラーを思い浮かべるとイメージしやすいだろう。内部の温度が高いうちは、水分子が激しく飛び回る。だが、温度が下がると、分子間力によって水分子同士がくっついて凝結し、微小な水滴が浮かんだ状態になる。これと同じように、高温状態にある宇宙では、さまざまな粒子が飛び回っているが、充分に温度が下がると、重力によって互いに引き合い、物質粒子が高い密度で集まった領域が形成される。

ここで、ビッグバンが整然とした状態で、揺らぎが小さかったことが重要となる。仮に揺らぎが大きく、ビッグバンの時点で周囲より温度が高い領域があると、そこに物質粒子が密集して生成されるので、その重力に引かれて、周囲から膨大な物質が集まってくる。太陽の数十万倍という（人間のスケールからすると巨大だが、宇宙全体からするとわずかな）質量が自重で収縮を始めると、星が形成されることなく一気にブラックホールになる。

ブラックホールとは、光すら放出せず物質を一方的に飲み込むだけの天体で、何も生み出さない物質の墓場である。ビッグバンが整然としておらず、エネルギーの揺らぎが大きいと、宇宙空間のあちこちに巨大なブラックホールが形成されてしまう。

ブラックホールが数多くできると、宇宙は荒々しく不毛な世界となる。ブラックホールに向かってなだれ込む物質は、光速近くにまで加速されて原子すら破壊され、強力な放射線を発する。激しい物質の流れと放射線の嵐の中で、生命は容易に誕生できない。

幸い、人類が生きるこの宇宙では、ビッグバンの際に揺らぎがほとんどなく、質量を持つ粒子の凝集は比較的穏やかに進んだ。こうして誕生したのが、星である。

恒星・惑星・海洋の形成

一気にブラックホールを作るほどではない量の物質が凝集すると、星が形成される。その中には、中心部で圧力と温度が高まり、核融合を始めるものが現れる。

核融合とは、ギュウギュウに押し込まれた原子核同士が合体する現象である。合体した原子核では、内部のエネルギーを特定の値に調節する共鳴条件が変化し、余分になったエネルギーが外部に放出される。中心部で核融合が起きた星は、放出されたエネルギーによって輝き始め、恒星となる。恒星を輝かせるエネルギーは、もともと物質粒子の内部に保持されていたビッグバンのエネルギーが、核融合をきっかけに漏れ出したものなのである。

宇宙で最初の恒星たち――いわゆるファーストスター――は、ビッグバンから数千万～数億年経った頃に現れた。ファーストスターは、核融合を起こしやすくする物質（炭素や酸素など）を内部で生成し、寿命を終えた後の大爆発によって宇宙空間にばらまくので、恒星の数はどんどんと増えていく。

こうして、空間の膨張でエネルギーが希薄化され冷え切った宇宙空間のそこここに、表面温度が数千から数万度にも達する恒星が点在するようになる。当初は宇宙全域に均等に分配されてい

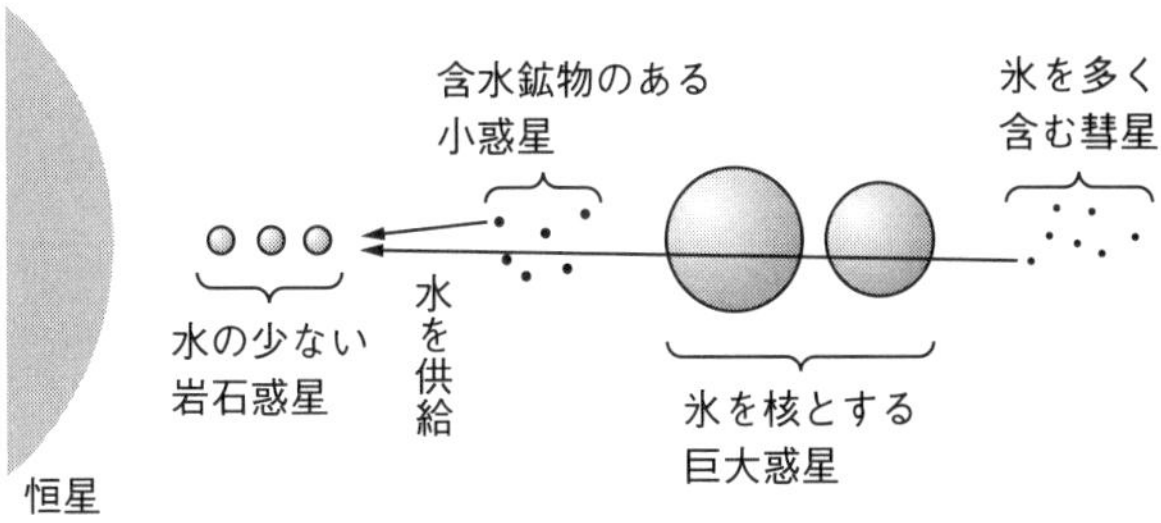

図4-4　惑星系における水の分布

たビッグバンのエネルギーが、きわめて偏った形に分配し直されたわけである。

この偏りが、以後の宇宙の歴史において、物質の化学進化を促し、生命の誕生を可能にする。だが、その前に、惑星系と海洋の形成についても説明した方がよいだろう。

中心部に燃料が豊富にある間、恒星はコンスタントにエネルギーを放出する主系列星の状態を維持するが、燃料を使い尽くすと核反応が不安定になる。その結果、質量を一気に吹き出したり、超新星爆発を起こしたりして、主系列星としての寿命を終え、光を失う。

質量放出や超新星爆発によっていったん宇宙空間に飛散した物質は、温度が充分に低ければ、重力によって再び凝集する。これらの物質が渦を巻きながら集まり、恒星の周りに円盤を形成する。この円盤内部で塵や小さな岩石が少しずつ大きくなって、恒星を周回する複数の惑星が作られる。

恒星を取り巻く円盤には、水素や酸素の原子が多量に含まれるため、両者が結合してできる水分子も相当な量が存在する。恒星近くの水は、熱で蒸発し恒星風で吹き飛ばされるが、恒星から離れたところには、多量の水分を含む天体が形成される。これらの天体が恒星に引っ張られて移動する際に、岩石が露出した惑星と衝突すると、惑星表面に水が供給され、海となる。太陽系の場合、地球に水を供給した天体は、木星より内側にあり、含水《がんすい》鉱物という形で水分を含む小惑星か、海王星より外側に広く分布する、氷と塵の混合物からなる彗星だと考えられる（図4−4）。

エントロピーは時に減少する？

揺らぎの小さい高温状態から空間が膨張していく場合、恒星・惑星・海洋の形成は、宇宙の〝外〟からの作用がなくても、物理法則に従って自然に進行する。これは、ビッグバンというきわめて整然とした状態が一方的に崩れていく不可逆変化である。宇宙における時間は、この不可逆変化によって刻まれたと言ってよいだろう。時間そのものに過去から未来へと向かう性質があるのではなく、「ビッグバンから遠ざかる向き」として時間の方向性が定まったのである。

それでは、惑星上で生命が誕生することも、物理的に見て自然な現象なのだろうか？　この点については、エントロピーとの関連を議論すべきだろう。

エントロピー増大の法則は、確率法則に従う統計的なシステムでは必ず成り立つ。だが、ならば熱は常に高温領域から低温領域に移動するかと言うと、そうとは限らない。ヒートポンプと呼ばれるメカニズムを利用すれば、温度の低い領域から高い領域へと熱を運ぶこともできる。ただし、こうした熱の移動を実現するためには、外からエネルギーを投入しなければならない。

この状況は、水の流れと同じである。水が自然に流れる場合、常に高いところから低いところへと向かう。しかし、エネルギーを投入すれば、水をポンプで吸い上げて、高いところへと運べる。それと同じように、エネルギーを投入することで、熱のポンプを使って低温から高温へと熱を移動させられる。冷房機は、そうした熱のポンプであり、電気エネルギーを利用して、室内の熱エネルギーを室外機を通して外部に放出する。

低温領域から高温領域へと熱を運ぶヒートポンプは、その部分にだけ着目すると、エントロピーを減少させる。とは言え、直ちに物理法則に反するとは言えない。エントロピーは、エネルギーの分配の仕方に関わる量だが、ヒートポンプを動かすために外部からエネルギーを投入するので、このエネルギーの移動を含めた全体でエントロピーが減少するかどうかを考察する必要がある。そこで、熱機関とヒートポンプを組み合わせた装置を考えることにしよう。

熱機関とは、ワットの蒸気機関のように、熱エネルギーを利用して力学的なエネルギーを生み出す装置で、気体を封入したピストン付きシリンダーを想定すればよい。石炭を燃やしてシリンダーを加熱すると、気体が熱を吸収して膨張し、ピストンを押し出すことによって、機関車の動

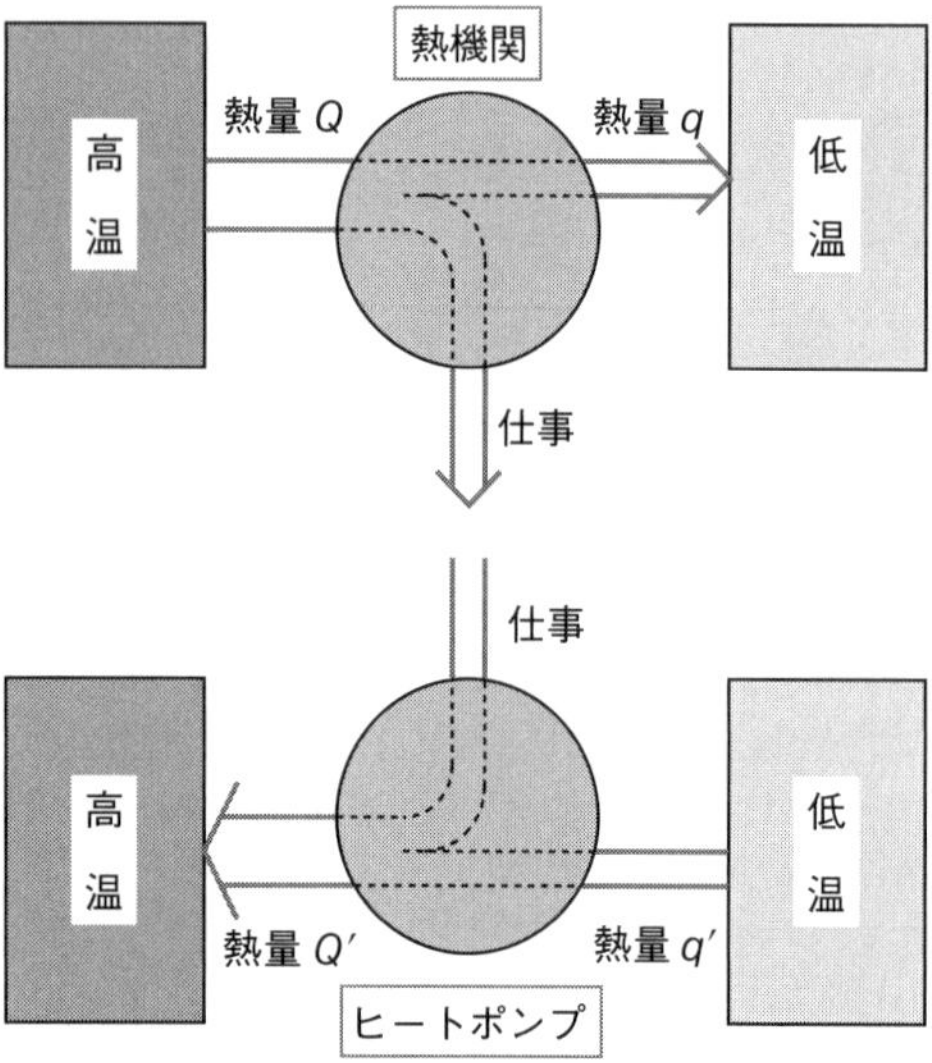

図4-5　熱機関とヒートポンプ

輪を回転させるといった仕事をする。水や外気などの冷却材でシリンダーを冷やせば、内部の圧力が低下してピストンを元に戻せる。このように、高温物体（燃える石炭）から熱を気体に吸収させて仕事をさせた後、余分な熱を低温物体（冷却材）に移動させることで、熱の流れから力学的エネルギーを生み出す熱機関として動作する。

この熱機関は、ヒートポンプとして使うこともできる。熱の出入りがない状態にしてゆっくりとピストンを引き抜くと、断熱膨張と呼ばれる過程になり、気体の温度は下がる。温度が充分に下がったところで低温物体と接触させると、低温物体から気体へと熱が移動する。再び熱の出入りがない状態にしてピストンを押し込むと、今度は断熱圧縮となって気体の温度が上昇するので、高温物体に接触させて熱を移すことができる。こうして、低温物体から高温物体へと熱を運ぶヒートポンプとなる。

それでは、熱機関の出力を使ってヒートポンプのピストンを動かし、共通の高温物体と低温物体の間で熱を移動させるとどうなるだろうか（図4－5）。この問題は、クラウジウスによるエントロピーのアイデアに先立って、19世紀前半に議論された。それによると、全く無駄のない最高効率の熱機関とヒートポンプを組み合わせると、熱機関の出力をすべてヒートポンプに投入したとき、高温物体から流れ出した熱と全く等量の熱を、ヒートポンプによって戻せることが示された。

ただし、こうした無駄のない熱機関とヒートポンプは、現実には作れない。摩擦や熱の漏出などによって無駄が生じる。その結果として、熱機関とヒートポンプを併せた全体で見ると、必ず高温物体から低温物体（環境を含む）に熱が流れることになり、エントロピーは増大する。

エントロピーが減少できる条件

ヒートポンプで熱を移動させるケースは、全体のエントロピーが増大する中で、部分的にエントロピーが減少する可能性があることを示す。それでは、冷房機のような人工物なしに、こうした過程が自然界で起きることはあるのか――この問題と取り組んだのが、イリヤ・プリゴジンである。

プリゴジンの理論によると、平衡状態（確率的に最も実現されやすい状態）に近い状態から出発した熱力学的なシステムは、そのまま平衡状態に達する。だが、最初の状態が平衡状態から遠く離れていた場合には、部分的にエントロピーが減少し、複雑な構造が自律的に形成される可能性がある。プリゴジンは、この研究で１９７７年のノーベル化学賞を受賞した。

話をわかりやすくするために、水の流れを考えよう。水は高い所から低い所へ流れるというのが物理法則であり、通常は、自然に高い場所へと移動することはない。しかし、滝のように大量の水が一気に流れ落ちる場合、途中に岩棚があったりすると、そこで跳ね返されて上昇する水滴もある。全体として水の流れは低い地点に向かっており、また、水しぶきとなって一時的に上昇した水滴もやがて落下に転じるので、物理法則は破られていない。

ただし、水が上昇できるためには条件がある。少量の水がゆっくりと流れているだけでは、水滴が跳ね上がることはほとんどない。途中に滝のような急流があって、初めて水の上昇が生じる。水の場合、水面がどこも同じ高さになったときが平衡状態なので、最初の段階で水面の高低に大きな差があることが、流れの途中で水滴が跳ね上がるための条件となる。

熱の流れも、これと似ている。高温領域から低温領域へと一気に熱が流れ込むとき、その流れに伴う付随的な現象として、熱の逆流が起きる可能性がある。熱の場合も水と同じく、最初に平衡状態から大きく外れていることが必要なのである。

現在の宇宙を見ると、自然界の最低温度である絶対零度（零下273℃）の近くまで冷えた広大な宇宙空間の所々に、表面温度が数千から数万度という熱い恒星が点在する。この状態は、すべての地点で温度が等しくなる熱力学的な平衡からは、遠く隔たっている。こうした大きな温度差が、光の放射という形で激しい熱の流れを生み出す。恒星から周囲に流れ出す光の奔流は、まさに大瀑布の水の流れと似て、エントロピーの減少を可能にするのである。

分子のヒートポンプ

もっとも、光の奔流があるだけでは、自然なエントロピー減少は生じない。ヒートポンプの役割を果たすメカニズムが必要となる。惑星表面において、ヒートポンプの役割を果たすのが、分子同士の化学反応である（図4-6）。

分子は、複数の原子が結合したもので、その構造に応じたエネルギーを内部に蓄える。化学反応は、分子の構造変化に伴ってエネルギーをやりとりする過程である。孤立したシステムで自然に起きる変化の場合、化学反応は、分子のエネルギー（正確に言うとギブスの自由エネルギー）が減少する方向に進む。これは、熱が高温領域から低温領域に流れることに相当する。

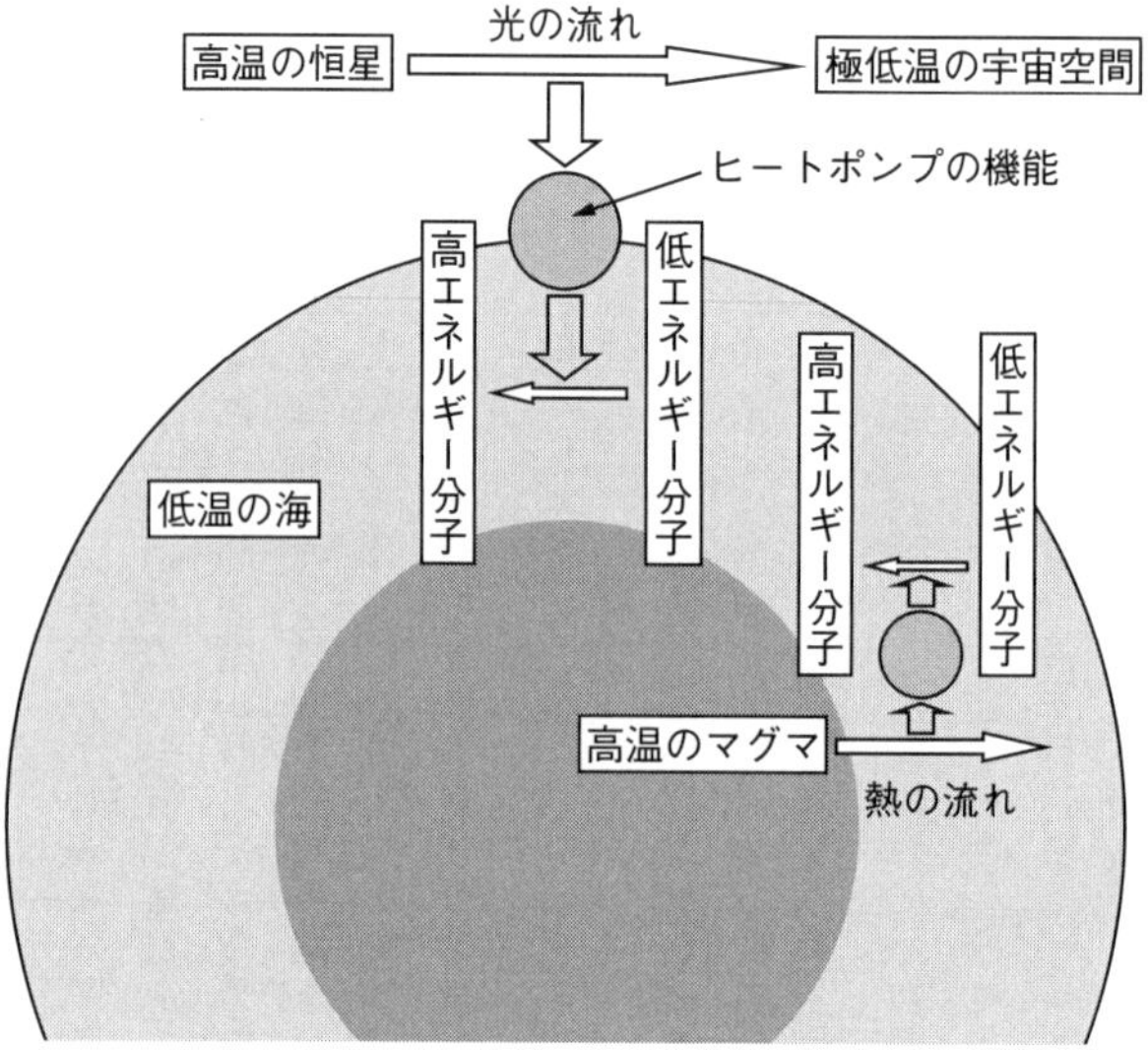

図4-6　惑星表面のヒートポンプ

ところが、常に熱の流れが通り抜けるような環境に置かれると、熱の流れがない環境ではあり得ないような高いエネルギー状態を維持する分子が現れる。これは、分子の集団が一種のヒートポンプとして機能し、部分的にエントロピーを減少させたことに相当する。

こうしたケースが実現可能となるには、いくつかの条件が必要である。

特に重要なのは、熱を生み出す高温の熱源に比べて、化学反応の起きる環境の温度が遥かに低いことである。環境が熱源と同じくらい高温だと、高エネルギー状態が安定でなくなり、エントロピー減少のような過程は進行しない。

さらに、液体の存在も重要である。気

体では分子同士の接触が稀《まれ》となり、固体では分子が動けないため、いずれも化学反応が進まない。熱の流入に応じて化学反応が進行するためには、分子が液体の中を動き回れなければならない。

多様なエネルギー状態の化合物を作れるだけの元素がそろっていることも、必要な条件である。特に重要な役割を果たすのが、炭素と水素である。炭素は、炭素骨格と呼ばれる長い鎖状の結合を作り、その周りに他の原子を結合させることで、複雑な化合物を作り出す。基本となるのは炭素骨格に水素原子が結合した炭化水素で、水素の代わりに窒素、酸素、リン、イオウなどの原子が結合すると、きわめて多彩な化学変化が可能になる。

こうした複雑な化合物を閉じ込める〝器〟も必要となる。実験室ならば、関与する化学物質を試験管に閉じ込めて、さまざまな反応を連鎖的に引き起こすことができる。しかし、自然環境では、液体は惑星表面を広く覆っており、化合物がすぐに拡散するので連鎖的な化学反応は起きにくい。試験管のような容器の代わりとして、膜構造で覆われた領域があると、特定の化学物質をその中に保持することができ、複雑な化学反応を進行させられる。

膜構造が形成されるのは、溶媒となる液体の分子に電荷分布の偏りが存在する場合である。惑星系に多量に存在し液体になりやすい物質の中で、こうした性質を持つのが、水（H_2O）である。メタンなどに比べると、水を主成分とする海は、エントロピー減少を引き起こすのに好都合である。

太陽系で、これらの条件をすべて満たすのは、ほとんど地球だけである（太古の火星や、土星の衛星エンケラドスなどでも満たされるかもしれない）。地球の平均気温は水の氷点と沸点の間にあり、重力も適度に強いため、液体の水を湛《たた》えた海が存在できる。また、プレートテクトニクスによる火山活動が盛んで、いったん堆積物内部に固定された炭素が噴火で地表に還流されるので、大気中に炭素化合物が豊富に存在できる。

こうして、地球は、太陽光線を浴びる地表でエントロピーの減少を実現し、生命にあふれた惑星になれたのである。一部の生物は、地球中心部での原子核崩壊が生み出した熱が、海底の熱水噴出孔などから海中に流れ込む過程を利用する（図4－6に示したマグマからの熱流）。

時間の端緒としてのビッグバン

宇宙に見られる経時的変化が不可逆なのは、時間が実際に一方向的に流れており、決して逆流しないからだと感じられるかもしれない。しかし、第I部で説明した通り、時間は空間と同じような拡がりであり、現在という瞬間が刻々と更新されるような流れではない。物理的な不可逆変化の向きが逆転しない理由は、時間が一方向的に流れるからではなく、「時間の端っこ」となるビッグバンが、きわめて特殊な状態だったせいである。

ビッグバンがほとんど揺らぎのない状態だったため、そこから重力によって引き起こされる変動は、必然的に、揺らぎを増す方向に制限される。その結果、ビッグバンから（第3章で紹介した）〝時間の物差し〟で測って遠くなるにつれて、薄く広がっていた物質粒子が凝集し、ほとんど真空となる宇宙空間の所々に天体が点在する状況へと変わっていく。

ビッグバンという端から時間的に遠ざかるにつれて密度の揺らぎ方が変化する様子は、富士山の姿になぞらえることができる。富士山は、端正な成層火山（コニーデ式火山）であり、火口から遠ざかるにつれて、標高が下がって傾斜が緩やかになる。これは、もともとほぼ平坦だった大地にマグマが上昇し、何度も噴火を繰り返す過程で溶岩が周囲に均等に流れ、裾の広がった円錐に近い山体が形作られた結果である。宇宙における時間は、富士山における「火口からの距離」と同じように、「ビッグバンからの（時間的）距離」を表している。

恒星を中心とする惑星系が形成されると、点在する恒星からの光が奔流となって惑星に流れ込む。この流れが、分子のヒートポンプを利用して部分的なエントロピー減少を実現し、生命の発生を可能にする。惑星上で活動する生物の姿だけを見ると、宇宙とは無縁の時を刻んでいるように感じられよう。しかし、実際には、生化学反応は太陽からの光の流れに駆動されて進行する。あらゆる出来事が、ビッグバンの整然とした状態が崩れていく過程の一部であり、「ビッグバンから遠ざかる向き」に進行する不可逆変化なのである。

これが、時間に「過去から未来へ」という方向性が存在する理由である。

もう少し深く知りたい人のために

生命現象と物理法則

生命の活動はきわめて複雑な現象で、物理学によって解明されたのは、そのごく一部にすぎない。しかし、大半の物理学者は、生命といえども物理法則から逸脱することはないと考えている。あたかもエントロピーが減少しているかのように見える高分子の合成も、熱力学の原理を脅かすものではない。

表面温度が約6000度の太陽から放射された大量の光は、零下270℃の宇宙空間へと流れ出す。これは、極端な高温領域から極端な低温領域へと熱が流れる過程なので、エントロピーが急激に増大する。こうした流れの途中に、適当な分子を含む液体の水が存在すると、光が引き起こすさまざまな反応によって、部分的にエントロピーが減少する。具体例として、光合成を考えよう。

教科書風に言えば、光合成とは、水分子6個と二酸化炭素分子6個から、グルコースなどの糖の分子1個と酸素分子6個を作る反応である。細かく見ると、明反応（光を必要とする反応で、光のエネルギーを化学エネルギーに変換する過程）と暗反応（光を必要としない反応で、カルビン回路と呼ばれる循

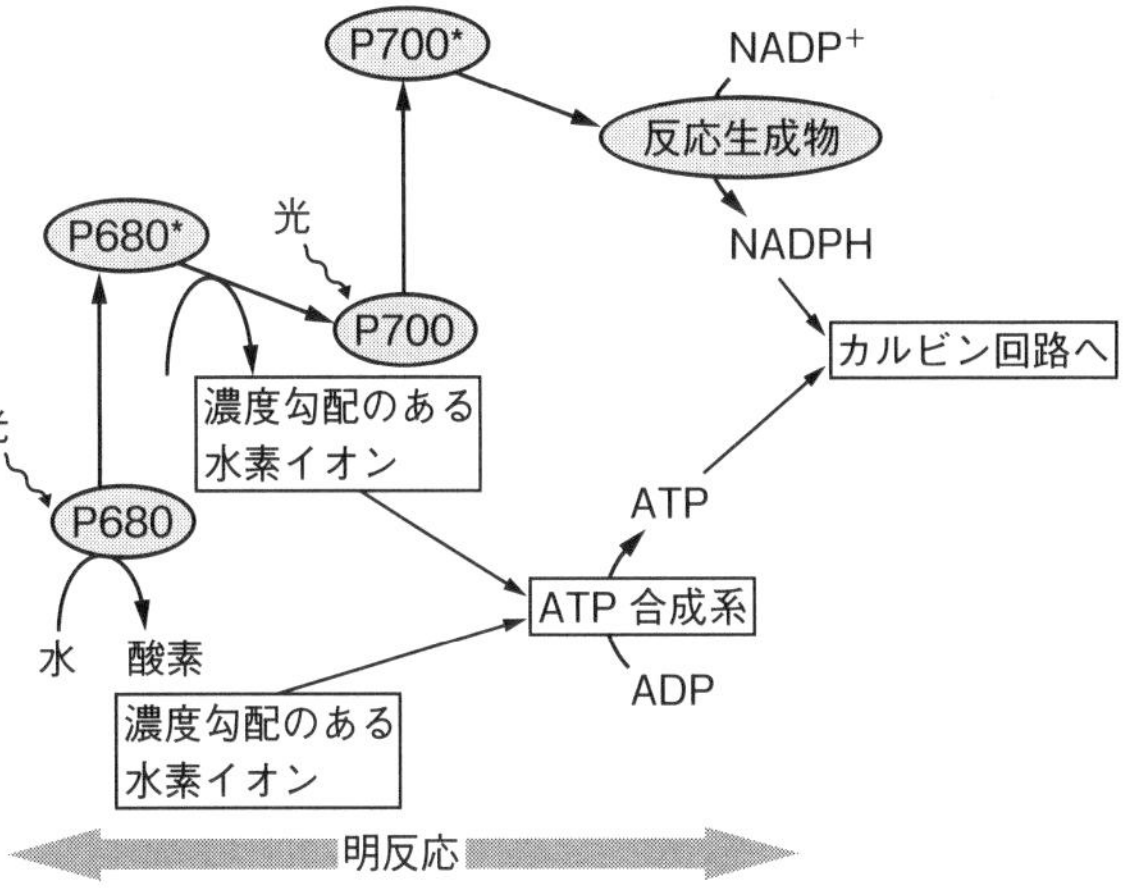

図4-7　光合成の明反応

環的な反応を通じてグルコースを合成する過程）の2段階があるが、ここでは明反応に注目したい（**図4－7**）。

明反応は、エネルギーを運ぶ光の流れによって、内部に高いエネルギーを蓄えた分子を作り出す過程である。ヒートポンプの役割を果たす〝分子機械〟の部品として、最も重要な役割を果たすのが、水素・炭素・酸素・窒素・マグネシウムの原子が全部で100個以上も結合した、クロロフィル（葉緑素）という高分子である。水中にあるクロロフィルが赤色の光（正確に言うと、波長680ナノメートルの光）を吸収すると、水分子から電子を引き剝がして酸素と水素イオンに分解し、自身は内部にエネルギーが蓄積された励起状態になる（図4－7では、励起前のクロロフィルをP680、励起後をP680*と記す）。

光が当たらないとき、水中でクロロフィルが自然に励起状態になることは、事実上不可能である。水中のクロロフィル分子は、他の分子と衝突してエネルギーを得ることができるが、常温の場合、分子が持つ熱エネルギー程度では、励起状態に遷移するのは困難である。温度を充分に上げれば激しくぶつかってくる分子もあるので、励起状態へと移るのに必要なエネルギーは得られる。しかし、そこまで温度を上げてしまうと、励起状態のクロロフィルにも頻繁に分子が衝突し再び元の低エネルギー状態に引き戻されたり、クロロフィル自体が熱分解を起こしたりするので、励起状態を維持することはできない。

クロロフィルを含む低温の水に高温の光源から放射される光が当たると、状況は一変する。光は、光子と呼ばれるエネルギーの塊（エネルギー量子）となって飛来するが、高温の光源から発せられる光には、大きなエネルギーの塊となった光子が高い割合で含まれる。光子の総数がそれほど多くない場合でも、励起に必要なエネルギーを持つ光子がクロロフィルに衝突すれば、高エネルギー状態に遷移させることができる。ひとたび励起状態に達すると、周囲の水が低温なので、激しくぶつかってくる分子もなく、励起状態が維持される。

エントロピーとは、エネルギーの分配の仕方が確率的に実現されやすいかどうかを示す量である。温度が低い場合には、低エネルギー分子の割合が多くなるような分配が実現されやすく、そのときのエントロピーは大きい。ところが、クロロフィルを含む低温の水に高温光源からの光が差し込むと、いくつかのクロロフィル分子が突出して大きなエネルギーを持つ励起状態になる。これは、熱力学的に見てきわめて不自然なエネルギーの分配であり、水中の領域だけを見ると、エントロピーが減少したことになる。

ただし、物理法則に反しているわけではない。高温の太陽から低温の宇宙空間に向けて光が放射される過程では、エントロピーが急激に増大しており、地球表面の一部でエントロピーが減少したとしても、全体のエントロピーが増大するという方向性は変わらないからである。クロロフィルが励起状態に遷移する過程は、ちょうど、巨大な滝における水しぶきのような、ささやかな付随現象にすぎない。

高温の太陽から光が照射され続けているのに水が低温でいられるのは、宇宙空間が零下270℃という極低温だからである。海水中の植物プランクトンが光合成を行う際には、大部分の光は海面に当たり、その際に生じる熱で海水の一部が蒸発する。上昇気流に乗って高度を上げた水蒸気は、ある地点で宇宙空間に向かって赤外線を放射して冷やされ、自身は水滴に戻って海に落下する。宇宙空間が放熱に利用できるので、海水が低温に保たれるのである。

陸上に生い茂る植物にとって、低温環境を保つには、海水中のプランクトンよりも能動的な活動が必要である。周囲の大気は熱容量が小さいので、光が当たり続けると葉が過度に加熱されて、分子機械の動作に支障が生じる。このため、陸上植物が光合成を行う際には、同時に蒸散を行う。蒸散とは、根から吸い上げた水を葉の裏側にある気孔から放出することで、気化熱が奪われるため温度を下げる効果がある。光合成は日中に行われるが、このとき植物は盛んに蒸散を行っており、生存に適した温度を自ら維持している。

あらゆる生命活動は、分子による機械的な過程を組み合わせたものとして理解されつつある。エネルギーの移動を伴う活動の場合、ほぼすべての生物で利用されるのが、高エネルギーを蓄えたATP（アデノシン三リン酸）という分子である。

ATPは、励起状態のクロロフィルなどと同じく、熱運動によって分子が衝突するだけでは合成できない。光合成を行う植物に太陽光が照射されると、最初の水分解や励起状態のクロロフィル（P680*）が連鎖的な化学反応を行う際に、膜をはさんで水素イオンに濃度勾配が生じるが、この濃度勾配による圧力を利用して、ADP（アデノシン二リン酸）とリン酸からATPが合成される（図4－7参照）。ざっくり言えば、太陽光を利用して、ATP合成というエントロピー減少過程が実現されたのである。

ATPは、他の分子にリン酸を与えてADPに変わる際に、さまざまな形でエネルギーを放出する。これは、大きなエネルギーを貯め込んだ分子からエネルギーが流れ出す過程なので、エントロピーが増大する自然な変化である。生物は、このときの放出エネルギーを利用して、生合成

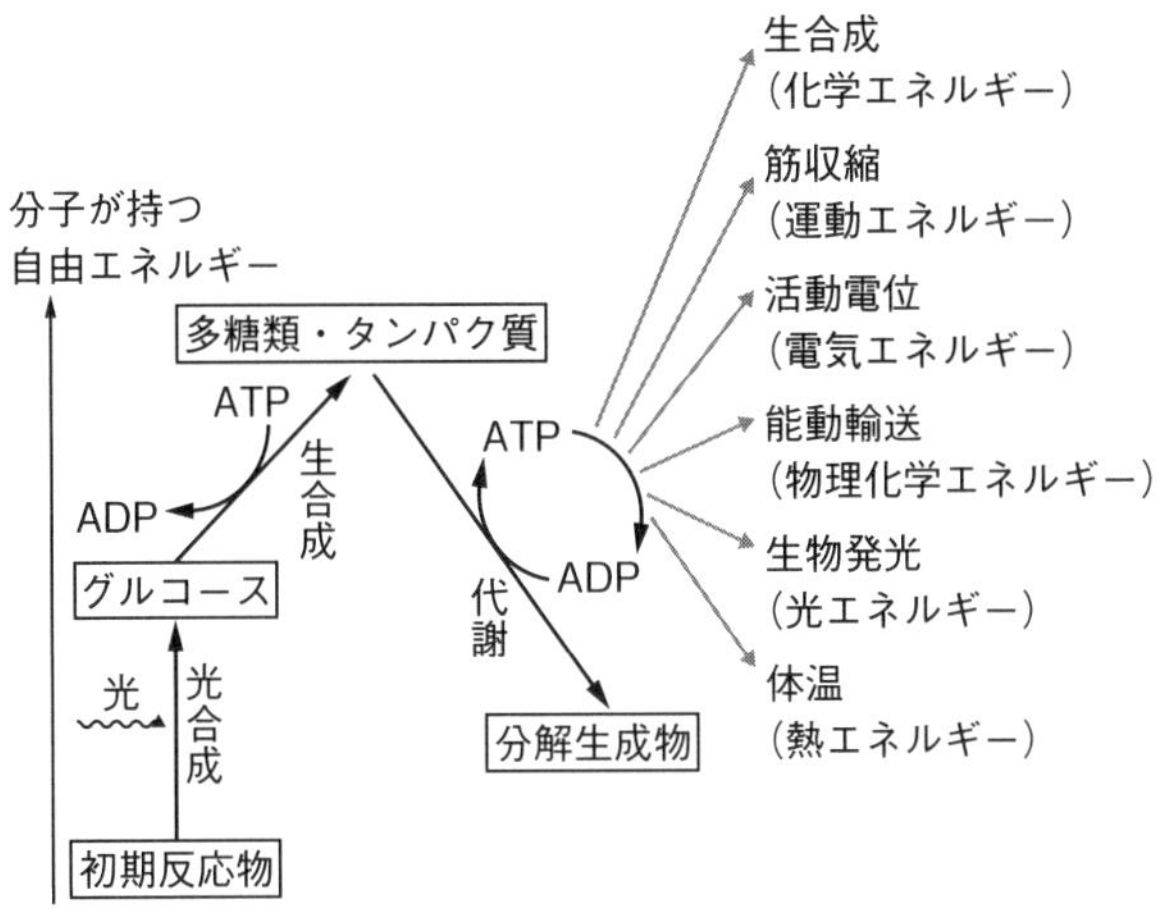

図4-8　生体内でのエネルギー変換

や筋収縮などの活動を行う（**図4－8**）。

このように見ると、生命現象に見られる不可逆変化のうち、局所的なエントロピーの減少を伴う過程は、ほぼすべて太陽光の照射に随伴することがわかる。太陽光の照射は、低温の宇宙空間にエネルギーが拡散していくエントロピー急増の過程なので、全体としてエントロピーは増大し物理法則は破られていない（細菌の中には、海底から噴出する熱水中の硫化水素を利用してエネルギーを得るものがあるが、これも、地熱が周囲に流れ出すというエントロピーが急増する変化に随伴する過程である）。

生命といえども、物理法則には従順なのである。

第5章

「未来」は決定されているのか

■■■ 現実の世界では、ニュートン力学と異なって、最初の状態によってそれ以降の未来が完全に決定されることはない。量子効果に見られる波動的な振る舞いのせいで、初期条件が確定せず、微分方程式のような厳格な法則も成り立たないからである。未来は、さまざまな歴史をたどる可能性をはらんでいる。実際に生起する歴史が他の可能性から区別される局面には、脱干渉と呼ばれる状況が見られる。

未来は、どこまで過去にとらわれているのか？　多くの人が信じているのは、未来は、それ以前に何が起きたかという「事実」と、科学的に規定される「法則」によって制約されるという考え方だろう。未来は過去の延長線上にあり、物理法則に反するような出来事は起きない。

この考えは、どこまで正しいのだろうか？　正しいにしても、未来を決める事実は何で、法則はどこまで厳格なのか？　もし完全に厳格な法則に支配されているのならば、われわれが生きるのは、あらかじめ定められた出来事が生起するだけの機械仕掛けの世界ということになる。
しかし、現代物理学によると、現実の物理法則はそれほど厳格ではなさそうである。以下では、物理法則がいかに緩やかであるかを見ることにしたい。

ニュートン力学における未来の決まり方

未来の決まり方として有力なアイデアの一つが、何かが始まる最初の瞬間に、その後の変化がすべて決定されるというものである。ボウリングのボールは、手を離れた瞬間にレーンをどのように転がるかが決まり、サイコロは、振られた瞬間にどの目が出るかが確定する。このアイデアを最も明確な形で定式化したのが、ニュートン力学である。

議論を明確にするため、空中に打ち出された小さな物体が、重力のように数式で完全に記述できる力を受けながら、ある軌道を描いて運動するケースを考える。ここで言う「軌道」には、「物体がある時刻にどの地点を通ったか」という時間に関する情報まで含めることにする。

ニュートン力学によると、打ち出された瞬間の位置と速度が決まれば、その後の物体の動きは、運動方程式によって完全に決まる。もし、ニュートン力学が世界を支配する根源的な理論ならば、未来を決める「事実」は最初の位置と速度、「法則」は運動方程式だと言える（図5－1）。

ニュートン力学が決定論的な性質を持つのは、運動方程式が、時間に関する（2階の）微分方

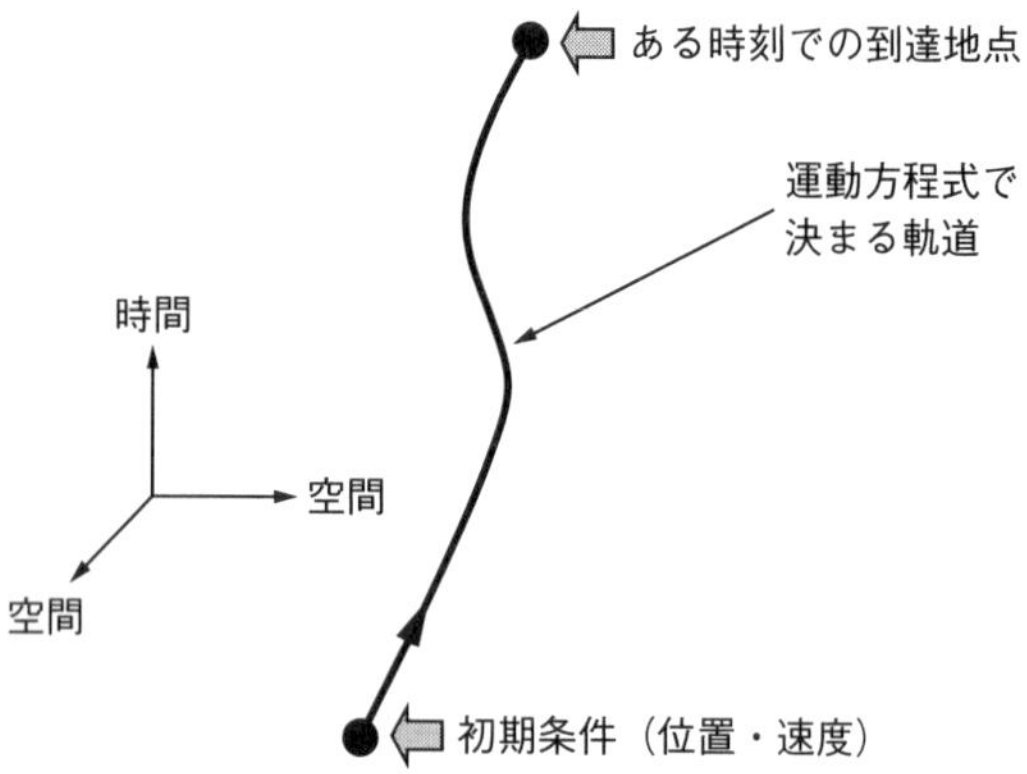

図5-1　ニュートン力学の軌道

程式であることに由来する。

時間に関する微分方程式とは、微小な時間が経過したとき、どんな変化が生じるかを明らかにする方程式である。「ある瞬間の位置と速度」が与えられた場合、運動方程式によって、その直後の位置と速度がわかる。それ以降は、方程式が示す瞬間的な変化を順次付け加えていく（数学の用語を使うと、積分する）ことによって、任意の時刻の運動状態が求められる。

ニュートン力学に限らず、マクスウェルの電磁気学、アインシュタインの一般相対論など、量子論以前に作られたすべての基礎的な物理学理論では、物理現象が時間に関する微分方程式に従う。これらの理論では、「ある瞬間の物理量」さえ与えれば、微分方程式を解くことで未来に起きる変化を完全に決定できる。微分方程式を解くのに必要な「ある瞬間の物理量」は「初期条件」、初期条件と微分方程式によって未来が決定される理論は「古典論」と呼ばれる。

古典論では、初期条件という「事実」と微分方程式で表される「法則」によって、未来が決定される（未来だけではなく、初期条件を与えた瞬間より過去の状態も、微分方程式の解として完全に決まる）。ニュートン力学とマクスウェル電磁気学の成功を受けて、20世紀初めまで、学界ではこうした決定論が根強く信じられていた。

しかし、多くの物理現象を説明できたからと言って、現実の自然界が、「初期条件と微分方程式による決定論」に支配されているとは限らない。1920年代になると、現実における「未来の決まり方」が、古典論とは大きく異なることが明らかになった。

確定しない初期条件

ニュートン力学では、同じ物体を同じ状況下で打ち出す場合、最初の位置と速度が等しければ、常に同じ軌道を描いて運動するはずである。だが、初期条件となる位置と速度に、ほんのわずかでも違いがあれば、その後の軌道は、少しずつ、だが確実にずれていく。位置と速度の値は、どんなに小さなぶれもなく、完全に確定できるのだろうか。

日常的に目にする巨視的な物体では、大きさがあったり変形したりするために、位置や速度が一つの値に確定するかどうかは、必ずしもはっきりしない。しかし、原子ないしそれ以下のスケ

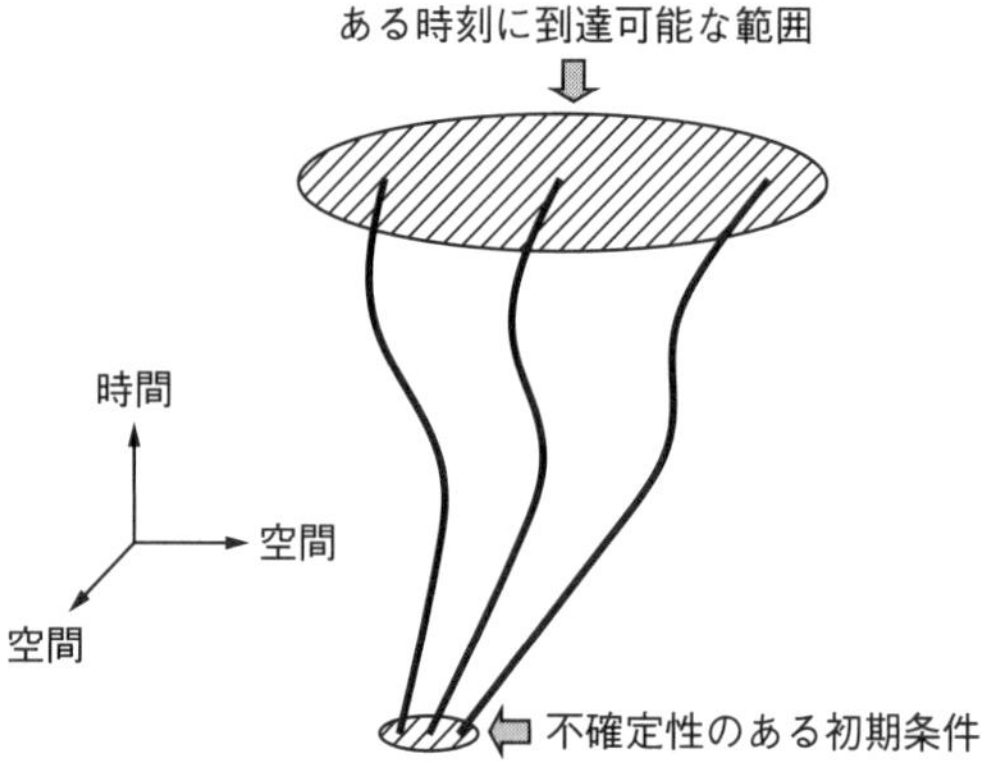

図5-2　初期条件が不確定な軌道

ールにおける実験データは、明確な結果を示した。こうしたミクロ世界では、位置や速度の値にはゼロにすることができない幅があり、きっちりした数値で表されないことが判明したのである。この性質を、「不確定性原理」という。

電場や磁場の強度も、同じように、場の不確定性原理によって確定しない。

初期条件となる位置や速度の値に幅があるのだから、出発点の位置や打ち出されるときの速度が確定できない。そのため、仮に運動の途中でニュートン力学が成り立つとしても、どんな軌道が実現されるかは確言できない。最初の位置と速度がいろいろな値を取るものとして、ニュートン力学の運動方程式を解くと、**図5－2**のように、いくつもの可能な軌道が描ける。この場合、ある時刻に物体がどこにあるか、確実な予測は不可能である。

不確定性原理は、単に「値が確定しない」というネガティブな主張ではなく、どのように確定しないかを定める数学的な関係式で表される（このため、物理学者は「不確定性関係」という呼称を好む）。初期条件がこうした関係式を満たす場合、一定の時間が経過した後、物体が存在する地点を「ここだ」と確定できなくても、「ある位置に存在する確率はいくらか」といった確率分布関数でなら表すことはできる。図5－2で言えば、ある時刻に斜線で示した円内に存在する確率が何％と求められる。言い換えれば、多くの可能な未来が、それが実現される確率付きで示されるのである。

初期条件が確定した値にならない世界では、「将来何が起きるか、始まりの瞬間にすべて決まっていた」ということはあり得ない。未来の可能性が制限される——例えば、「最初の整然とした状態が一方的に崩れていく」といった——ことはあっても、具体的に何が起きるかまでは決まっていないのである。

微分方程式とは異なる法則

初期条件が不確定になるだけでなく、時間に対する変化が微分方程式に従わないことも判明した。

高校や大学で出題されるニュートン力学の演習問題では、軌道を求めるのに、微分方程式を解くことがいちばんの早道である。しかし、純粋に数学的な観点からは、微分方程式を使わなくても軌道が求められる。その際に用いられるのが、「作用」という物理量である。

ある物体を軌道に沿って動かす場合、軌道上での位置と速度の組み合わせとして、ラグランジアンと呼ばれる量が定義される（定義が可能になる条件として、軌道上で働く力に制限が付く）。作用とは、ラグランジアンを軌道に沿って積分した量である。ここで重要なのは、物体がニュートン力学に従っていない場合でも、作用の値が計算できる点である。ひどく遠回りしたりクネクネと蛇行したりするような、現実にはあり得ないいびつな軌道であっても、仮にそのような動きをした場合の値として、軌道に対する作用が導ける。

始点と終点の位置・時刻が共通するという条件の下で、考えられるあらゆる軌道の作用を求めたとしよう。このとき、解析数学の定理によれば、ほかのどれよりも作用の値が小さい軌道が、ニュートン力学の運動方程式を満たす解になる。これを「最小作用の原理」という。

物体が運動する場合、仮想的な軌道をいろいろと思い描くことができる。ニュートン力学で実現されるのは、そのうち作用が最小になるものだけである。ところが、20世紀の物理学が明らかにしたのは、原子のような極小の物体が運動する場合、作用が最小にならない軌道も物理現象に寄与するという事実である。

運動とは、「自立的な物体が、はっきりした軌道を描いて位置を変える」という単純な現象で

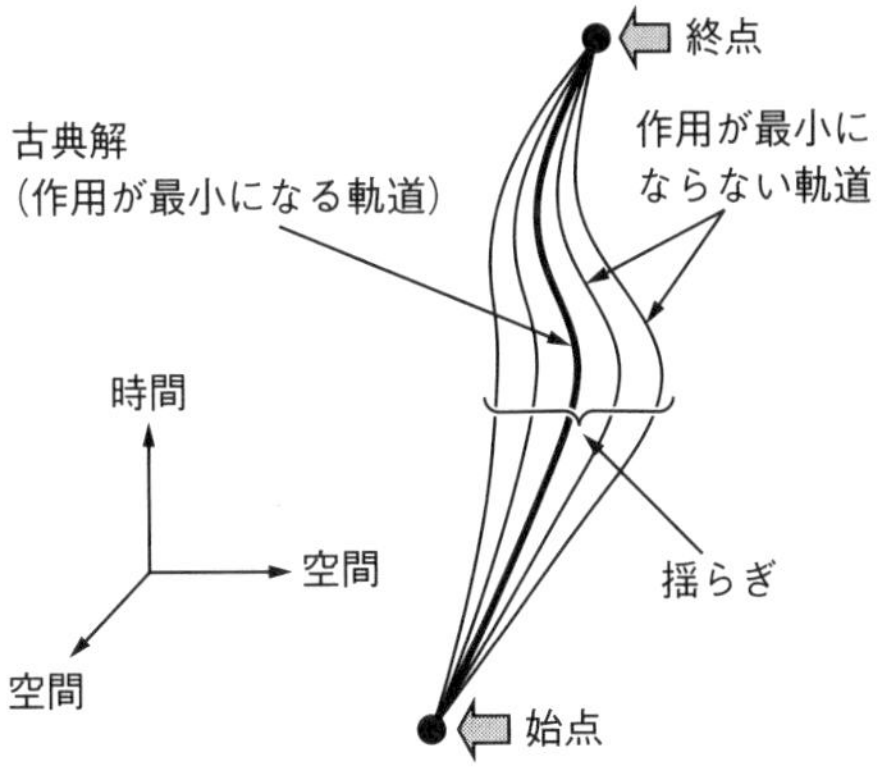

図5-3 古典解と揺らぎ

はない。無数の軌道が重なった、直観的にイメージしにくい複雑なプロセスなのである。

ニュートン力学の運動方程式を満たす軌道は、古典論の方程式の解、略して「古典解」と呼ばれる。ニュートン力学が正しければ、古典解だけが現実的である。しかし、ミクロ世界では、古典解以外の軌道も重なり合うようにして存在する。図に描くならば、始点から終点に至る軌道の中で、古典解が最も目立っており、それ以外の軌道は、あまりはっきりしない揺らぎのように表せる（図5−3）。

作用の定義には、位置と速度の組み合わせ方が異なるさまざまなタイプがある。定義を変更すると、作用が最小になる軌道は別のものになり、その軌道が満たす微分方程式も変わる。物理現象が何らかの微分方程式に従うならば、実現される軌道では、ある定義に基づく作用が最小になると言ってよい。

しかし、軌道が一つでなく、いくつも重なって存在するとなると、そもそも「微分方程式に従う」という考え方自体が誤りだと言わざるを得ない。つまり、物理現象とは、はじめから終わりまで微分方程式によって厳格に規定された唯一の道筋に沿って生起するのではなく、それ以外の軌道をも包容する緩やかな法則に従うのである。

量子論の波動性

現実の世界では、「ある瞬間の状態によって、未来に何が起きるかが確定する」という意味での決定論は成り立っていない。その理由として、「初期条件には不確定性がある」「微分方程式とは異なる法則に従う」という2点を紹介した。実は、この二つの理由は、どちらも量子効果の現れであり、量子論が持つ性質の二つの側面である。

量子効果は、物理現象の根底に波動性が存在することによってもたらされる。すでに述べたように、素粒子や原子核が粒子のようなまとまりを保ったり、結晶の内部で原子が整然と並んだりするのは、根底にある波が共鳴状態を形作るからである。

位置・速度の不確定性は、物体が実は波であることとの直接的な帰結である。波は、どこか1点に集中して存在するのではなく、少なくとも波長程度の拡がりを持つ。大きさを持ち変形しやすい波の位置を確定することは、原理的に困難である。

また、現実に生じる波は、同じ波形が無限に繰り返されるのではなく、さまざまな波長の波がいくつも重なり合って複雑な波形となったものである。ぶつかってくる波が衝撃を与えることからわかるように、波はエネルギーを運ぶが、その運搬速度は波長によって異なる。したがって、いくつもの波が重なった状態は、エネルギーの運搬速度が一つの値に確定しない。

このように、波であるならば、必然的に位置や速度が不確定になる。

電子のような量子論的な対象が従う運動法則も、波動性と関係する。電子が運動する過程は、次の瞬間にどうなるかが微分方程式によって完全に決められるのではない。その振る舞いは、ホイヘンスの原理に基づく波の伝播と似ている（以下で説明するのは、専門的には、経路総和法または経路積分法と呼ばれるテクニックで、主に、場の量子論に適用した場合を想定している）。

ホイヘンスの原理とは、回折現象など波動特有の振る舞いを理解するために、17世紀にクリスティアーン・ホイヘンスが考案した考え方で、ある瞬間の波面上にある各点が新たな波源となり、そこから素元波（二次波）が発生すると見なす。実際に伝わる波は、あらゆる素元波を干渉させた結果として表される。

図5－4のように、平面波が単スリット（隔壁の隙間）に入射した場合を考えよう。ホイヘンスの原理によれば、スリットに到達した波面の各点が、新たな素元波の波源となる（図では一部の波

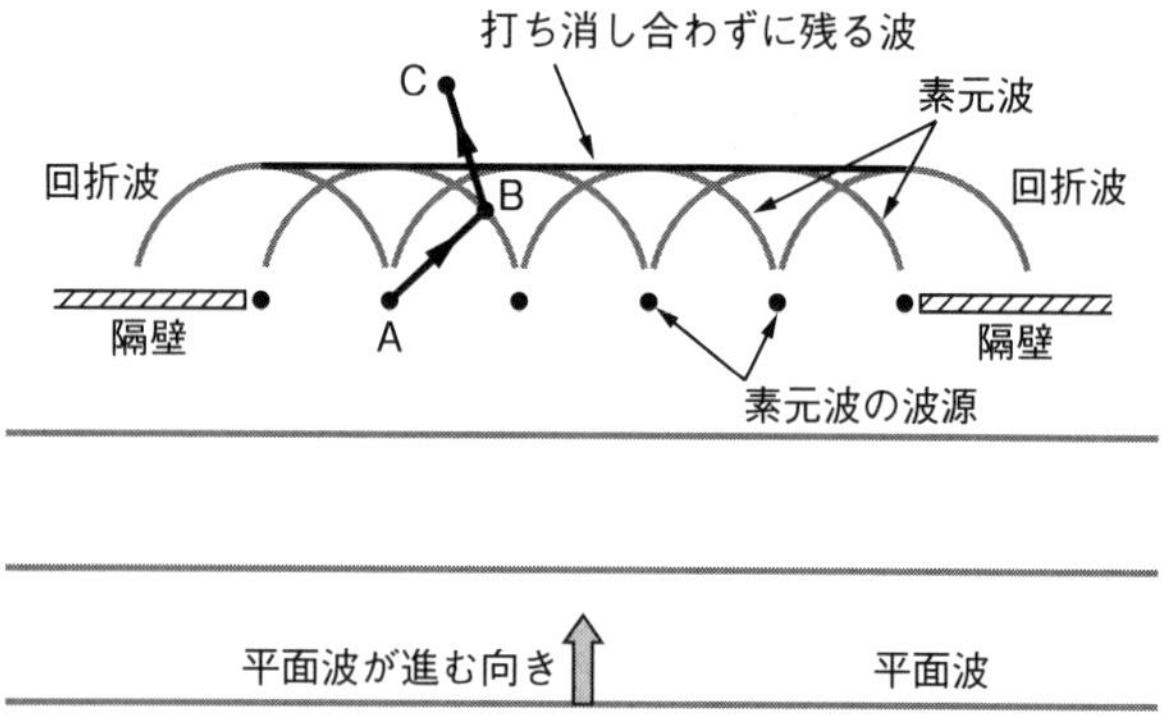

図5-4　ホイヘンスの原理

源だけを記したが、実際には、波面上にびっしりと並んでいる)。こうした素元波がすべて伝わるならば、図5-4のA→B→Cのように、クネクネと曲がりながら進む波も存在するはずである。しかし、このように曲がって進む波は、曲がり方がわずかに異なる別の波と干渉して、大部分が打ち消されてしまう。平面波では、波面に対して垂直方向に直進する波が、打ち消されることなく残る。

始点から終点に至る経路を考えた場合、素元波の打ち消し合いが小さいのは、経路に沿って測った長さが最短になる場合である。その結果、実際に伝わる波は、ほとんど最短経路をたどることになる。光の場合、この性質が「光は常に最短経路をたどる」という「フェルマーの原理」に対応しており、直進性や屈折の法則の根拠とされる。

量子論の波でホイヘンスの原理における経路長に相当するのが、作用である。もし、素元波の打ち消し合いが完全ならば、光はフェルマーの原理に従って直進し、量子論的な物体は最小作用の原理に従って古典解となる軌道をたどる。

ただし、実際には、干渉による素元波同士の打ち消し合いは、完全ではない。古典論の波の場合、図5-4に示すように、スリットの端では、打ち消されずに残った波が回折波となる。量子論でも、同じように波の一部が残る。これが、図5-3に示した古典解の周囲にわずかに残る「揺らぎ」である。この揺らぎは、量子論の特性が表れたものなので、「量子揺らぎ」と呼ばれる。

量子論における歴史

量子論では、「初期条件と微分方程式による決定論」が成り立っていない。初期条件には不確定性があり、時間方向の変化を定める法則も微分方程式のように厳格ではない。このため、同じビッグバン状態から始まる複数の宇宙が存在したとしても、それぞれが異なる歴史をたどることが可能になる。

さまざまな可能性の中でどの歴史が実現され、どれが実現されないか、その分岐を決定するメカニズムは、今のところ、よくわかっていない。それどころか、何と何が識別可能な「異なる」歴史かを決めることすら難しい。その理由は、いくつもの波が干渉しながら現象を形作っていくという量子論の性質にある。

図5－2に描かれたような、ニュートン力学に従う複数の軌道は、そのうちの一つが実現されれば他は実現されないという排他的な関係にある。ある軌道と別の軌道は、異なる歴史に属すると言ってもよい。この性質は、ニュートン力学における物体が自立的・持続的に存在するものと見なされ、同時に2ヵ所に現れたり、途中で分裂した後に再び合体することはないという自明と思われた前提に由来する。

これに対して、量子論では、自立的な物体という概念がなく、波の干渉を経て具体的な現象が形成される。異なる方向に伝わる二つの波があったとしても、ニュートン力学の二つの軌道のように、直ちに別々の歴史だとは言えない。これらが向きを変えて干渉するならば、二つの波は、どちらもひとまとまりの現象の一部分であり、同じ歴史に属する。

こうした量子論の性質を明瞭に示すのが、二重スリットの実験である。

二重スリット実験

数多くの電子をビーム状に照射し、隔壁に開けた狭いスリットを通して、背後のスクリーンに当てる実験を行う。スクリーンの素材を工夫すると、電子がぶつかった位置に電離作用による跡が残る（原子核乾板の場合は、乳剤中に含まれるハロゲン化銀が、電離作用によって銀粒子として析出する）。このため、電子がスクリーン上のどこに到達したかがわかる。

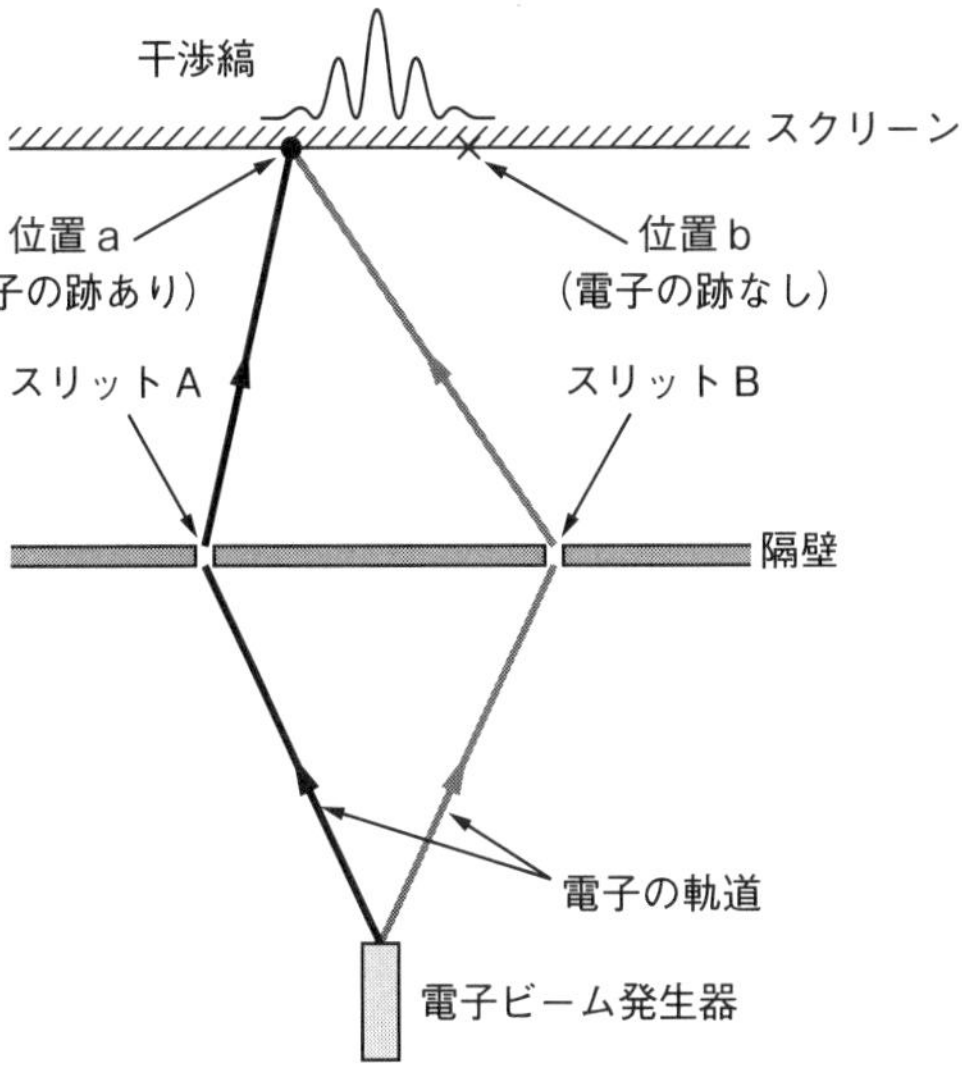

図5-5　二重スリット実験

ここで、単一のスリットではなく、二つのスリットAとBが近接して平行に並ぶ二重スリットで実験することを考えよう（図5-5。見やすいようにスリットの間隔を広く描いているが、実際には、電子ビーム発生器のサイズよりもずっと小さい）。

電子ビーム発生器から発射された電子が、どのような過程を経てスクリーンに到達するかはわからない（図では、ニュートン力学に倣《なら》って直線状の軌道を描いてある）。しかし、多数の電子が到達した後でスクリーン上に残る跡を見ると、光波と同じように、スリットを通った波が互いに干渉したことを表す強弱の帯――いわゆる干渉縞――が形作られている。

直観的な言い方をすると、干渉縞が形

成されるのは、電子の波が拡がって二つのスリットをともに通り抜けた後に、再び重なり合って干渉したからである。同じ波が、いったん分かれてから合流する過程なので、それぞれのスリットを通る過程は、別々ではなく併せて一つの物理現象と見なされる。

ニュートン力学に従う物体の場合、「スリットAを通る」「スリットBを通る」という二つの可能な過程のうち、どちらか一方だけが現実に起き、他方は「実際には起きなかった過程」と考えてかまわない。しかし、量子論では、たとえ異なる位置を通過する軌道であっても、互いに干渉するならば、分離して扱うことはできない。

干渉と脱干渉

スリット通過後に波が干渉するので、電子がスリットAとスリットBのどちらを通過したかを論じることは、物理的に意味がない。しかし、電子がスクリーン上のどの場所に到達したかは、区別することができる。

電子がスクリーンに到達し電離作用によって跡を残した場合は、「そこに電子が到達した」ことが確定する。「位置aに跡を残す」「位置bに跡を残す」という二つの過程は、「スリットAを通る」「スリットBを通る」とは異なって、分割できない単一の現象の一部ではなく、一方が実現されるとき他方は起こらない別々の現象である。

別々の現象になる理由は、異なる位置に跡を残す過程が互いに干渉しないからである。電子の電離作用によって、異なる原子で銀粒子の析出が起きる場合、ざっくり言えば、それぞれの原子で反応を引き起こすような波は互いに重ならないので、干渉は起きない。このように、量子論的な二つの過程が互いに干渉しなくなることを、脱干渉（デコヒーレンス）という。

さまざまな現象が次々と起きる場合、ある段階でひとたび脱干渉が起きると、その後の過程はすべて干渉し合わないことが、量子論の定理として示される。脱干渉によって、それまで相互に干渉可能な単一現象だった過程が、干渉し合わない二つの過程に分岐したと言える。分岐後の二つの過程は、互いに何の関わりもなく進行する。

この二つの過程は、古典論の場合と同じように、一方だけが実現される排他的な過程と見なしてかまわないだろう。教科書ならば、電子がスクリーンに到達した段階で説明を終えるのがふつうだが、現実の世界では、析出する銀粒子の振る舞いなども含めて、量子論における歴史が続くことになる。

世界線の座標

これまでの議論は、ニュートン力学でも量子論でも、小物体や粒子のように、位置座標の時間変化によって運動が記述できる対象を取り上げた。しかし、脱干渉を含む量子論的な過程を扱うには、運動する物体の位置座標だけでは充分ではない。二重スリット実験では、スクリーンを構成する分子の化学反応が脱干渉を引き起こす。したがって、運動する物体（この実験では電子）だけに注目するのではなく、それ以外の多くの物体や電磁場のような場の状態も議論に含めなければ、脱干渉によって分岐する歴史を語れないのである。

それでは、多数の物体や場が関与する過程は、どんな図で表されるのだろうか？　実は、これまでと同じ図を使っても、かまわないのである。

図5－1では、1個の粒子（あるいは小物体）がニュートン力学に従って特定の軌道を描く場合を示した。粒子が3次元空間の内部を運動する場合、ある時刻における粒子の位置は、x座標、y座標、z座標という三つの空間座標で表される。図5－1は、2次元の紙面に描くという制約があるため、空間軸を二つしか描かなかったが、現実の3次元空間で動く粒子の軌道を考える場合には、空間軸は実は三つあると考えなければならない。粒子の運動は、各時刻ごとに、描かれなかった空間座標も含めた3次元空間の中で一つの点を指定することで決定される。

粒子がAとBの2個あるときには、粒子Aのx座標、y座標、…、粒子Bのx座標、y座標、…というように、座標の数を増やす必要がある。3次元空間では、各粒子ごとに三つの座標があるので、すべての座標を表すために、合計六つの座標軸を考える必要がある。ある時刻に2個の粒子がそれぞれどこに位置するかは、六つの座標軸を持つ6次元空間内部の一つの点によって表

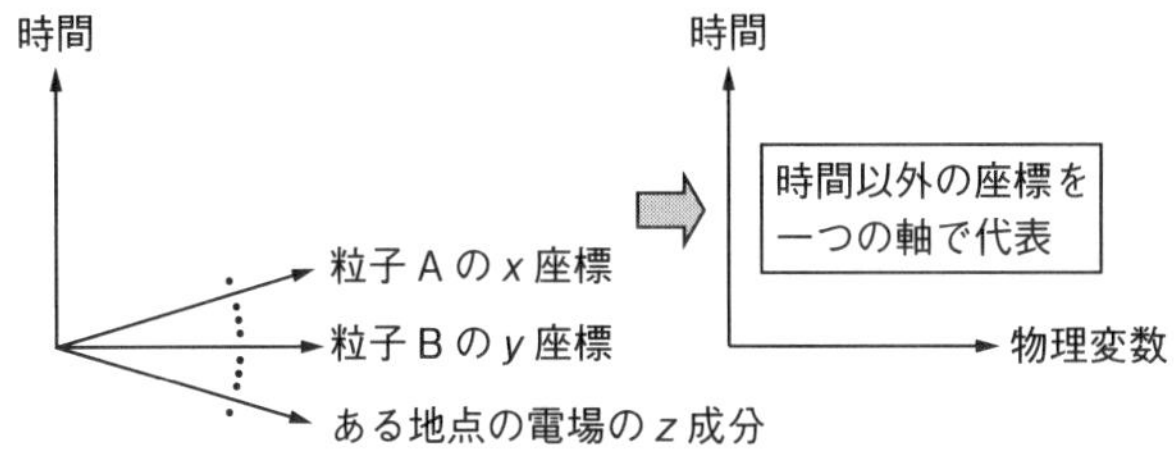

図5-6　世界線の座標

される。図5－1で、描かれなかったものも含めて空間軸が六つあると考えれば、一つの線だけで2個の粒子の運動を表すことができる。粒子の数がN個に増えた場合は、空間軸が$3N$個あるものと見なすことで、一つの線がN個の粒子の運動を表す。

電磁場のような場に関しては、空間を細かなメッシュに分割し、各地点の場の値を座標とすればよい。このとき、座標軸の数は、メッシュに分割した部分の数だけ必要になる。例えば、ある地点における電場のz成分を座標とする仮想的な空間を考えると、この仮想的な空間内部の1点が、その地点での電場のz成分を表す。

このようにすれば、多数の物体の位置や、あらゆる地点における場の強度を、仮想的な空間の座標で表すことが可能になる。実際には無数の座標軸があるはずだが、これらを「物理変数」と記した一つの軸で代表させることにしよう（**図5－6**）。

図5－1で1粒子の軌道を表す線は、「粒子の世界線」と呼ばれる。相対論の考え方によると、時間は空間と同じく拡がりの次元であ

り、ニュートン力学で粒子と見なしたものは時間方向に拡がった線なので、粒子ではなく「世界の内部に存在する線」だということを強調した呼び方である。もっとも、あまりに大仰《おおぎょう》な言い回しなので、物理学者もめったに使わない。

ところが、図5－1で「空間」と記した座標軸が実は膨大な数の位置座標や場の値を含むものと解釈し直すと、この図は、複雑なシステム全体の時間的変化を表すことになる。世界全体に含まれる物理的対象すべての状態を、図5－1と同じ形式で表すことも可能である。このとき、図に現れる線は、「世界の世界線」と呼ばれて然るべきものである。こちらは、実際に世界全体の振る舞いを示すものなので、「世界線」という言葉を使っても大仰ではなく、しっくりくる。

そこで、簡略化した表現として、単に「世界線」と言えば「世界の世界線」を指すことにしよう。実は、この意味での世界線という言い回しは、大ヒットしたPCゲーム『STEINS;GATE』での誤用だったのだが、アニメ化されて広く認知されたので、そのまま使わせてもらう。

世界のはじめから終わりまで

量子論で時間変化を考えると、世界線は、量子揺らぎを含む拡がりを持つ。世界全体の歴史を扱う場合、世界線の始点としては、ビッグバンの状態を選ぶことができる。

ビッグバンは宇宙の始まりではあるが、未来がどうなるか、その瞬間にすべて決まっているわけではない。初期条件に不確定性があり、時間変化を司る法則も微分方程式のように厳格ではないので、その先に何が待っているか、確言はできない。

第4章で述べたように、ビッグバンは富士山の火口になぞらえられる。大局的に見ると、富士山で火口から遠ざかるにつれて、標高は確実に下がるが、これと同様に、宇宙では、ビッグバンから遠ざかると、物質分布の一様性が失われる。この傾向性が、時間に向きを与える。しかし、富士山の山腹にどんな凹凸があり、どの地点の風化が進んでいるか、火口の状態だけからはわからないのと同じように、宇宙のどこに天体が形成されるかといった具体的な出来事は、ビッグバンの時点では決まっていない。

ビッグバンの状態から出発し、量子論的な波の干渉に基づいてどんな現象が起きるか考えると、人間には追跡できないほど多様な可能性があることがわかる。こうしたさまざまな可能性をはらんだ全体は、分割できない単一の物理現象ではなく、互いに干渉しないいくつもの部分に分けられる。二重スリット実験のケース（図5-5）で言えば、位置aに電子の跡が残る過程と、位置bに電子の跡が残る過程が、干渉しない別個の歴史となる。この別個の歴史は、それぞれが分岐した世界線によって表され、そのうちの一つが実現される歴史となる。

きわめて整然としたビッグバンから始まった宇宙は、外部からの作用がなくても、自然に恒星と惑星から成るシステムを作り出す。少なからぬ惑星が表面に海を湛えており、そこに恒星から

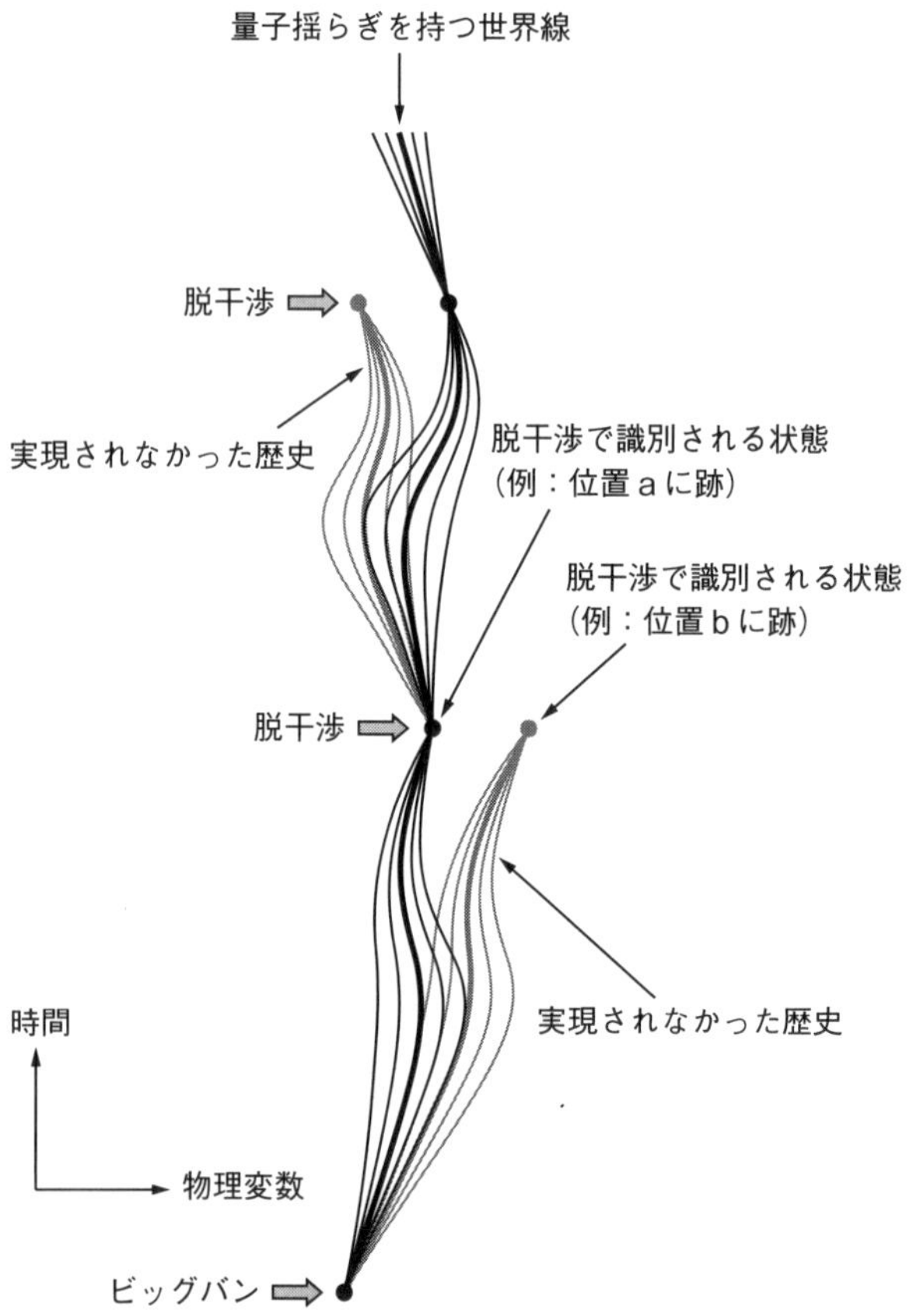

図5-7　ビッグバンから始まる世界線

の光が降り注ぐと、高いエネルギーを蓄える分子が合成され、複雑な化学反応を可能にする。生命が誕生することもあるだろう。このように、始まりの状態が指定されるだけで、どんなタイプの歴史が実現されるか、ある程度まで決まる。

しかし、どの星にいかなる生命が誕生するか、そこでどのような活動が繰り広げられるかは、ビッグバン以降の状況に左右されると考えるのが自然だろう。このような詳細を決定するのが、ビッグバン直後から無数に繰り返される脱干渉である。脱干渉が見られる局面では、特定の世界線だけが「実現された歴史」として、言わば〝選ばれる〟ことになる（図5－7）。

脱干渉のきっかけとなるのは化学反応などの些細な出来事であり、人間の生活には何の影響も及ぼさないように見えるかもしれない。だが、DNA分子にわずかな違いが生じるだけで、ガンが発生し人の生死を左右することもある。小さな変化でも、無数に積み重なっていくことで、ビッグバンの時点では決まっていなかった運命を生み出すのである。

もう少し深く知りたい人のために

脱干渉の曖昧さ

本章では、脱干渉によって量子論的な歴史が区別できることを述べた。この立場は、少なからぬ物理学者に支持される有力な見解ではあるものの、教科書に記載される伝統的な解釈とは少し異なる。

20世紀半ば頃までは、量子論には不明な点が多く、確実な議論を行うためには、観測結果だけを問題にすべきだという主張があった。「人間が観測しないとき何が起きているか」には、言及してはならないという考え方である。しかし、こんにちでは、量子効果は至る所に見られる当たり前の現象だと判明しており、人間による観測にこだわる必要はない。

量子効果を利用したエレクトロニクスのデバイスは、すでに日常的に使われている。画像や音楽を記録するフラッシュメモリーでは、量子効果の一種であるトンネル効果を使って電子の移動をコントロールする。また、大容量ハードディスクは、トンネル磁気抵抗を利用してデータを記録する装置である。ジョセフソン効果や量子ホール効果などの量子効果を用いた精密測定機器も、多くの研究機関で使用されている。こうした量子デバイスを組み合わせた装置は、途中で人間による観測が介入する余地のないまま、機械的に動作が進行する。

人間が観測を行う場合、別個の歴史として識別されるきっかけは、スクリーンに電子がぶつかって銀が析出するとか、メーターの針が異なる位置を指すといった、エネルギーの分配が大きく異なるような状態への変化である。こうした状態変化が生じる際には、一般に脱干渉が起きる。人間による観測が本質的なのではなく、観測以前に装置の内部で起きた物理的な脱干渉によって、何が実現し何が実現しないかが分けられたと考えるべきだろう。

観測の有無を問題としない客観的な量子論は、1950年代から多くの物理学者によって研究され、80年代のグリフィス－オムネスによる整合的歴史の理論など、興味深い成果を生んできた。脱干渉を重視する議論も、その流れの中にある。

ただし、脱干渉に基づく量子論解釈は、いまだ完成の域に達したとは言えない。多くの未解決の問題が、残されたままである。このため、教科書などの記述では、人間による観測を前提とする伝統的な量子論解釈が主流を占める。

主に問題となるのは、脱干渉が完全でないケースが多いことである。一般的な物理現象では、脱干渉は不完全で、干渉の効果がわずかに残ってしまう。

気体分子運動論のケースを考えよう。気体分子の運動状態は、本来、量子論で扱うべきものである。だが、分子同士が衝突するたびに、衝突の仕方が異なる過程は互いに干渉しにくくなり、ごく短期間のうちに干渉の影響はほとんど現れなくなる。この状態に到達した段階では、気体分子運動論を考案したマクスウェルが考えたのと同様に、ニュートン力学に従う粒子が飛び回っていると想定しても、議論に齟齬《そご》をきたすことはない。

問題は、「衝突すると干渉しなくなる」のではなく、「衝突するたびに干渉の影響が小さくなる」としか言えない点である。それでも、気体分子のように、頻繁に衝突が繰り返される場合は、人間にとってごく短い期間で干渉性は失われると考えてかまわない。しかし、これほど頻繁に衝突が起きない場合はどうなのか？

図5－5で示した二重スリット実験について、アインシュタインは、「電子の運動方向が変化する際に隔壁に運動量を与えるので、隔壁を可動にすれば、電子が通った後の隔壁の動きから、どちらのスリットを通ったかがわかるはずだ」と指摘した。もし、電子がどちらのスリットを通ったかが確定し、かつ、背後のスクリーンに干渉縞が生じたとすると、その解釈はきわめて難しくなる。この批判が提出された1927年のソルヴェイ会議では、批判されたニールス・ボーアの陣営が、電子の通ったスリットが100％確実にわかるような実験装置では、干渉縞が消失する（すなわち、脱干渉が起きる）ことを示し、アインシュタインの指摘が誤りだということで一件落着した。

ところが、その後、隔壁の動きを量子論に基づいて計算したところ、その動きだけで電子の通ったスリットを特定するのは難しく、「スリットAを通過した確率が90％」のようにしか言えないことが判明した。しかも、このときどんな干渉縞が生じるかを調べると、明暗の比が小さくなってぼやけるものの、縞模様はしっかりと残ることがわかった。つまり、電子と可動隔壁が1回衝突しただけでは、脱干渉は起きないのである。

1回の衝突で起きないことが、何回目かの衝突で突然起きると考えるのは不自然である。だとすると、そもそも完全な脱干渉は起きないのかもしれない。図5－7で「実現されなかった歴史」と記したものも、他のあらゆる歴史と並んで存在するとも考えられる。これが、「多世界解釈」の立場であり、無数の可能性がすべて同時並行的に実現されるという考え方である。

もっとも、ここで言う多世界とは、「第二次世界大戦で連合国が勝利した世界と、枢軸国が勝利した世界」といったSF的状況ではない。ある化学反応が起きるか起きないかというものである。多世界解釈を認めると、一つの分子が化学反応した世界としなかった世界がパラレルワールドとして併存することになり、いくらなんでも世界が多すぎるだろう。やはり、どこかで干渉し合わない歴史に分割して扱うべきだと思われるのだが、その境界がはっきりしない。

物理学の学界には、理論は明確な数式に基づいて構築されるべきだという一種の原理主義者が多く、曖昧さを残した主張は嫌われる。脱干渉に基づく解釈は、物理学の教科書ではあまり取り上げられないが、その原因は、数式をもとに厳密に定式化できず、どうしても曖昧さが残ってしまうので、原理主義者の賛同を得られないためだろう。

第6章 タイムパラドクスは起きるか

過去に戻ることが可能だとすると、「過去に戻って行《おこな》った行為の結果として、その行為自体が遂行できなくなる」といったタイムパラドクスが生じ得る。実際、安定したワームホールがあれば、過去に戻ること自体は不可能ではない。この問題に決着はついていないが、量子論に基づく「未来の決まり方」を認めると、タイムパラドクスが回避できるかもしれない。

近年、いわゆるサブカルチャーの分野で、「時間移動が可能になった主人公が、過去に戻って人生をやり直す」という物語が流行している。例えば、映画やアニメにもなった筒井康隆の小説『時をかける少女』では、ちょっとした不都合を除こうと頻繁に過去を改変するうちに、のっぴきならない状況に追い込まれる主人公の姿が描かれた。時間移動の方法としては、時間を行き来できるタイムマシンや、過去の自分に〝意識を飛ばす〟タイムリープ能力を利用するという設定が多いが、世界全体の時間が過去へと〝巻き戻される〟ストーリーもある。

時間を移動する物語は、19世紀末からＳＦの一類型として頻繁に描かれてきたが、いろいろなバリエーションが創作されるうちに、ある問題が浮上してきた。過去に戻ることが可能だとすると、タイムパラドクスと呼ばれる不可解な状況が避けられないのである。

最も有名なのが、「親殺しのパラドクス」である。タイムマシンで過去に戻った人が自分の親を殺してしまうとどうなるか。親がいなければ自分は生まれないはずであり、その結果、過去に戻って親を殺すこともできなくなる。つまり、「過去に戻って行った行為の結果として、その行為の遂行が不可能になる」という因果関係のパラドクスである。「祖先（あるいは自分自身）を殺す」という物騒な行為でなくても、未来に大きな影響を及ぼす過去改変では、多くの場合、パラドクスが派生する。

「親殺し」とは別種のケースとして、こんなタイムパラドクスも存在する。ある物理学者が、タイムマシンを使って訪れた未来の博物館で、入り口近くのプレートに、宇宙の謎を解き明かす万物理論の方程式が刻まれていることに気づく。急ぎ書き写し元の時代に戻った彼は、自分が考案したことにして方程式を公表した。これをきっかけに物理学が長足の進歩を遂げたことから、人々は、その科学的意義を顕彰すべく、新たに建設された博物館の入り口近くに、方程式を刻んだプレートを置いた……。さて、この方程式は、誰が考案したのだろう？

「親殺しのパラドクス」とは異なって、方程式のケースは、実際に何が起きるかは確定している。しかし、「誰も考案していないのに、方程式が忽然と世に現れる」のは、どうにも奇妙である。このように、「原因を欠いたまま結果が生じる」というパラドクスを、「万物理論のパラドクス」と呼ぶことにしよう。

物理学の観点からは、これらのタイムパラドクスをどのように解釈すべきなのだろうか？　最も単純な解決法は、「過去に戻るのは不可能だ」と主張することである。しかし、一般相対論に基づいて考えると、「過去には戻れない」と一概に言い切れない面もある。実際にタイムマシンを作れるかどうかは別にして、「過去に戻れる可能性がある」との前提の下で、タイムパラドクスを物理学的に議論するのは、物理学の限界を考察するためにも必要なことだろう。

タイムトラベルの方法

小説やアニメでは、起動したタイムマシンが突然かき消すように見えなくなり、別の時間にいきなり姿を現すという状況が描写される。これは、時間・空間の隔たった地点へと、物体が跳躍することを意味する。しかし、現代物理学の考え方が根本的に誤っているのでない限り、こうした跳躍は不可能である。

これまでの章で説明してきたように、現代物理学の基礎にあるのが、場の理論である。かつては、「空っぽの真空内部を原子が飛び回っている」という素朴な原子論を信じていた科学者もいた。だが、19世紀後半に電磁気現象を場によって記述するマクスウェルの理論が成立し、20世紀に入ると、電磁気だけでなく、あらゆる物理現象が場に生じる振動だという見方が有力視されるようになる。

場の理論の立場からすると、物理現象は、すべて場を伝わる波と見なされる。波は時間・空間座標の連続関数として表され、通り道となる時空領域を漏らさずたどりながら伝わる。ある地点から別の地点へと跳躍することは、あり得ない（「量子テレポーテーション」と呼ばれる技術が開発されているが、これは、ある物体の状態が離れた地点の物体と同等かどうかを調べるためのテクニックにすぎない。物体そのものはあらかじめ目的地に運んでおく必要があり、離れた地点に瞬間的に移動するわけではない）。

ただし、時空内部を連続的に移動しながら、タイムトラベルを実現する方法はある。

相対論によると、時間は宇宙全域で均一に流れるのではない。時間は空間と一緒になって、時空と呼ばれる物理的実体を構成する。時空の構造によっては、連続的なルートをたどりながら過去や未来に行くことも不可能ではない。

第3章で解説したウラシマ効果が示すように、未来に行くルートは、「空間で遠回りをする」という簡単なものになる（図3－9参照）。時間方向に離れた時空上の2地点を考えよう。この2点間を結ぶルートの場合、直線ルートよりも空間方向に遠回りをした方が、経過時間は短くなる。したがって、宇宙旅行をして帰還するパイロットは、地球に残った人よりもその間の時間の経過が短く、先に未来に到達したように見える。

太陽に最も近い恒星であるケンタウルス座プロキシマは、約4光年の彼方にある。アリスとボブの二人に再登場してもらい、アリスは地球に残るが、ボブが光速の80％で進む宇宙船に乗って、プロキシマまで往復するとしよう。アリスから見ると、4光年の距離を光速の5分の4で移動するので、片道に5年、帰還するまでに10年掛かる。一方、ボブにとっての経過時間を相対論の公式に基づいて計算すると、往復6年と求められる。したがって、地球に帰還したとき、ボブは、アリスより4年先の未来に到達したことになる。

このように、高速で運動する乗り物は、どれも未来へ進むタイムマシンとなる。では、過去に戻るタイムマシンは可能なのだろうか？

「ループする時間」という抜け道

相対論的な時空は、「直線的な時間とユークリッド空間」というニュートン的な時間・空間とは、異なった構造となり得る。ここでは、画用紙を丸めたような円筒形の時空を考えてみよう。円筒の側面が時間1次元・空間1次元の2次元時空で、円筒の軸方向が時間座標、円周方向が空間座標だとする（図6－1）。

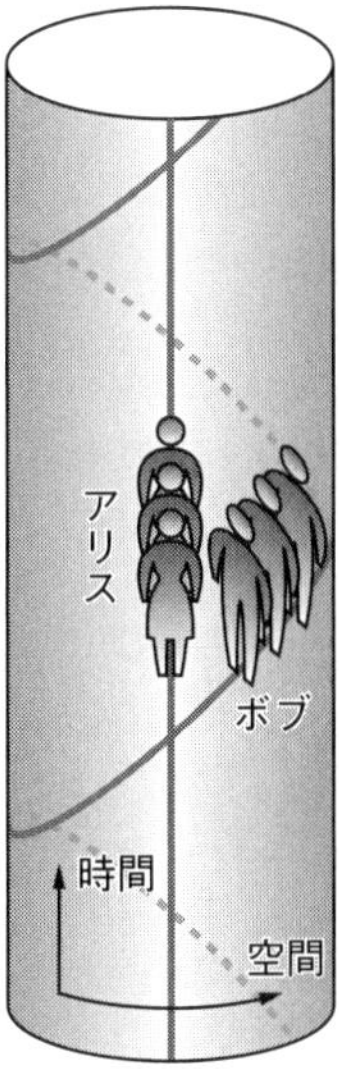

図6-1　円筒形時空(1)

平らな画用紙は、シワが寄らないように円筒形に丸められるので、円筒側面のどの部分でも、長さの尺度は一定である。円筒の側面に住む2次元世界の住民からすると、ゆがみのないミンコフスキー時空に思えるだろう。しかし、ある方向に進んでいくと、いつの間にか元の地点に戻ってしまう〝閉じた〟空間である。

この円筒形の時空内部で、図6－1の座標系に対して静止するアリスと、空間軸の向きに運動するボブを考えよう。ボブの速度が一定ならば、円筒側面を取り巻くらせん状の軌道になる。

プロキシマへの旅と同じように、円周の長さが8光年、ボブの速度が光速の80

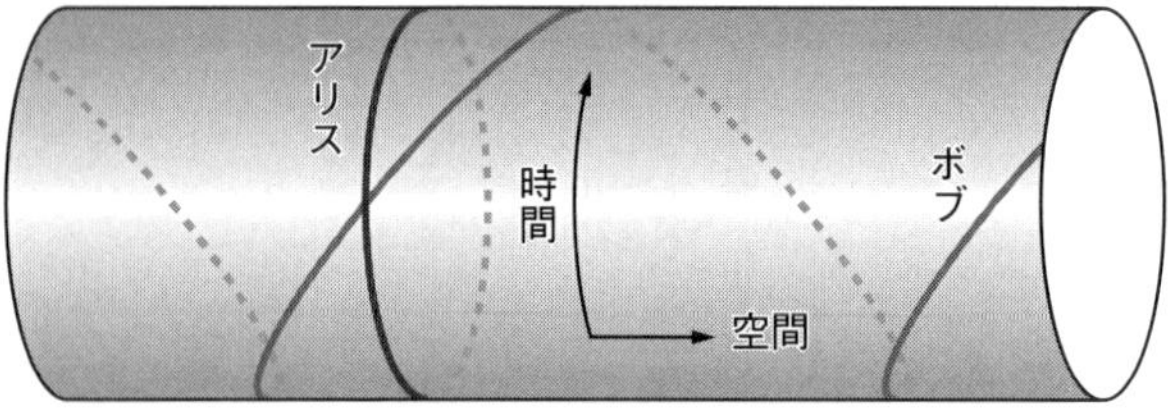

図6-2　円筒形時空(2)

%だとすると、アリスとボブがすれ違ってから、アリスの時間で10年後、ボブの時間で6年後に、二人は再会する。

それでは、同じように円筒形ではあるが、円筒の軸方向が空間座標、円周方向が時間座標だとすると、どうなるだろうか（図6－2）。ある時刻から出発して時間軸をたどっていくと、元の時刻に戻ってしまう。この世界は、時間がループするので、時空全体が「過去に戻るタイムマシン」の役割を果たすことになる。

ここでも、アリスが座標に対して静止し、ボブが運動すると仮定しよう。この場合、アリスは円周に沿って時間を一周して過去の自分とぶつかってしまう。また、ボブは円筒に巻き付くようならせん軌道となるので、アリスと再会することはできない。

ボブが円筒側面を一周し、元の自分と同じ時刻に戻ってきた場合を考えよう。このとき、（ライフルなどによる遠隔攻撃で）自分を殺すと、「親殺し」ならぬ「自分殺しのパラドクス」が生じる。

一方、アリスについては、時間を一周した後で、元の自分と完全に重なって同一状態になるとする。この状況を、一人の人間が何度も同じ出来事を繰り返すケースだと解釈すれば、親殺しのパラドクスは生じない。その代わり、アリスという人間がなぜ生まれたかという謎が新たに派生する。本章のはじめで紹介した「万物理論のパラドクス」と同じパターンである。

こうしたタイムパラドクスが生じるのは、未来に向かって時間をたどっていくと、いつの間にか過去に戻ってしまうという時空構造が存在する結果である。このように、一周して元の時刻に戻るようなルートを、「時間ループ」と呼ぶことにしよう（物理学者は、「時間的閉曲線〔closed timelike curve〕」という難しい用語を好むが、ここでは、簡単な呼び方にする）。時間ループがあれば自然に過去に戻ることになるが、物理学の観点から見てそれが何を意味するかは、慎重に考察する必要がある。

時間ループのタイムパラドクス

ここまで、時間ループを利用して過去に戻るアリスやボブのような人間を想定してきた。しかし、物理現象として見た場合、人間が登場することは本質的でない。人間の代わりに電子を想定しても、同じようなパラドクスが生じることが示せる。

ボブと同じように、ある位置から出発した電子が、円筒形の側面をらせん状に回って元の位置に近づいたとしよう（**図6-3**）。このとき、電気的な相互作用によって、出発しようとする過去

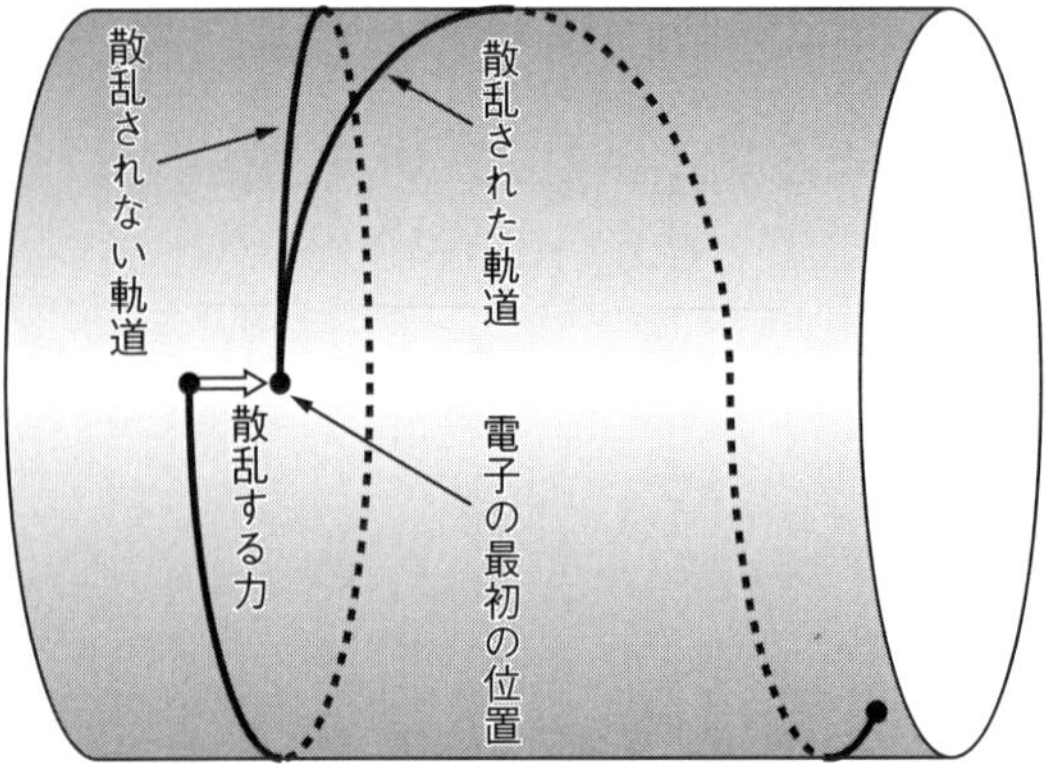

図6-3　電子の〝親殺し〟

の電子は散乱され、電子の軌道は「散乱された軌道」に変更される。しかし、軌道が変わると、一周したときに戻ってくる位置も異なるので、同じような散乱は起きないはずである。

このように考えると、「親殺しのパラドクス」は、電子1個でも生じる物理現象だとわかる。タイムパラドクスの原因は、未来の知識を過去に持ち込んだり、自由意志によって過去を改変させることにあるのではない。時間ループが存在するとき、自然に起こり得る問題なのである。

もっとも、円筒形時空に限れば、パラドクスをなくす簡単な方法がある。われわれの宇宙では、ビッグバンという巨大なエネルギーを持った瞬間があり、そこからすべての変化が生み出された。しかし、同じ時間を無限に繰り返す円筒形時空には、変化を生み出す出発点となるような瞬間がない。そうした時空に許され

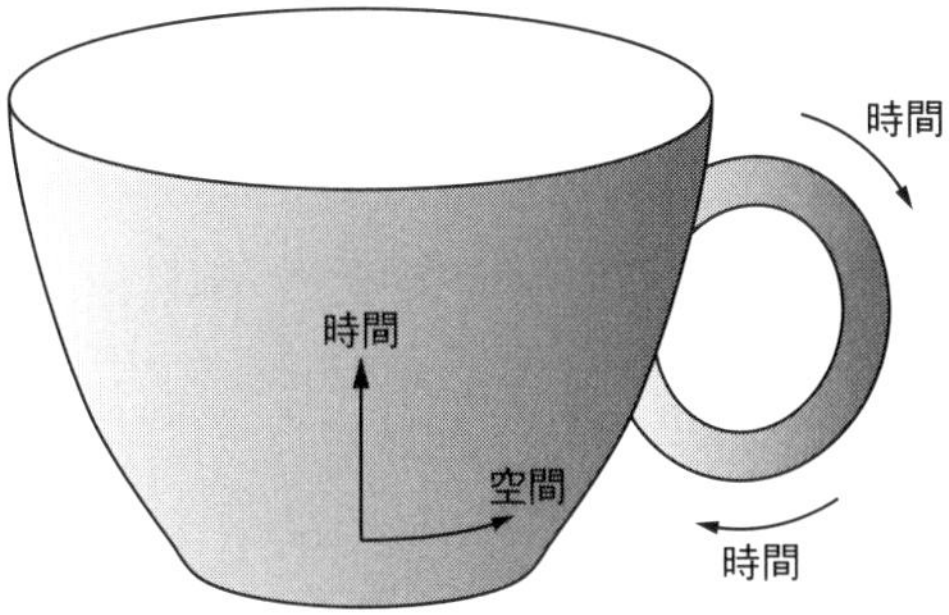

図6-4　取っ手のある時空（イメージ図）

るのは、エネルギーのない完全な空虚だけだと解釈するのが自然である。電子1個すら存在できない虚無の世界がいつまでも繰り返されるだけならば、タイムパラドクスは生じようがない。

だが、時間ループが存在するのは、円筒形時空だけではない。さまざまな物理現象が生起できる時空の一部分に、小さな時間ループが生まれる可能性も否定できないのである。

ワームホールによる時間ループ

取っ手の付いたカップのような時空をイメージしていただきたい（図6－4。この図はあくまでイメージで、現実的な時空構造ではない）。本体の未来側にある入り口から取っ手に入ると、その内部をぐるりと回って、過去側に飛び出すことができる。取っ手部分が一種の抜け道となり、カップ本体の時間からすると、未来から過去へと移動したことになる。取っ手を介して時間ループが生まれたのである。

ニュートンが思い描いたように、宇宙全域で均一に時間が流れるのならば、未来から過去に至るような時空構造はあり得ない。しかし、実際の時空には、均一な時間の流れなどない。各地点のエネルギーに応じて長さの尺度が変わるので、場所ごとに固有の時間が存在する。長さの尺度が異なるせいで時空はゆがむが、ゆがみが極端に大きくなると、異なる時間軸を持つ領域に時空が分裂し、取っ手のような時間ループを持つ構造が生まれることもあり得るだろう。

図6－4の取っ手に相当するものとして、物理学者が考えたのが、ワームホールと呼ばれる時空構造である。

ワームホールとしては、いくつものタイプが考案されている。1935年には、アインシュタインと共同研究者のネイサン・ローゼンによって、空間的に離れた二つの地点をつなぐ〝橋〟のような時空構造が提案された。この〝橋〟を通過すると、あたかも一瞬で遠方に到達するように見えるため、SF小説では、いわゆる「ワープ航法」を実現する仕組みとして紹介されることもある。

アインシュタインとローゼンのワームホールは、離れた場所をつなぐものだが、キップ・ソーン（重力波観測への貢献で2017年のノーベル物理学賞を受賞）らが、ウラシマ効果を利用して入り口と出口の時刻をずらすことができると主張し、離れた時刻をつなぐワームホールがにわかに具体的なものになった。こうしたワームホールがあれば、時間ループが生じる。両端の時刻がずれたワームホールで、未来側の入り口から過去側の出口へと移動すれば、過去に戻るタイムトラベルも可能になる。

もっとも、この宇宙に人間に見えるような大きさのワームホールが実在する可能性は、ほとんどない。一般相対論の基礎方程式であるアインシュタイン方程式によると、たとえワームホールが誕生したとしても、一瞬で〝橋〟の部分が潰《つぶ》れ、行き来できなくなってしまう。潰れないようにするには、（マイナス1キログラムといった）負の質量を持つ物質によって支えなければならないが、こうした奇妙な物質の存在を示す現象は、全く見つかっていない。

とは言え、「ワームホールは原理的に存在できない」と証明されたわけではない。負の質量を持つ物質も、いまだ見つかっていないだけで、宇宙のどこかに存在するかもしれない。その可能性を踏まえて、何人かの物理学者は、ワームホールによる時間ループがあったと仮定したときに何が起きるかを、真剣に考え続けている。

物理学者の発想法

物理学は、この世界の普遍的な法則を探究する学問である。それらしい方程式が見つかったとしても、単に近似的に成り立つだけの式かもしれない。方程式の適用限界が奈辺にあるかを見極めながら、世界の原理について考察することが、物理学者にとって究極的な目標である。

アインシュタイン方程式は、多くの観測で検証されているものの、どんな場合でも成り立つ究極の方程式ではないだろう。その適用限界はどこにあるのか？　成り立たなくなったときに代わりに使えるのはどんな式か？　いかなる状況でも常に妥当する原理はあるのか？　物理学者は、そうした問題に常に関心を寄せてきた。

ワームホールや負の質量を持つ物質のように、いまだ見つかっておらず、存在するかどうか疑わしいような対象について真剣に考えるのも、世界の原理を考えるために役立つからである。この宇宙に時間ループが存在するかどうかはっきりしないし、ありそうにないと考える人も多い。しかし、原理的に存在できないと断定されるまでは、あると仮定したときに何が起きるかを探究することが必要である。

もし、ワームホールを介して時間ループが存在できるならば、過去に戻ることが可能になる。その場合、タイムパラドクスは不可避なのだろうか？　これは、現在の物理学理論がどこまで通用するかを探る上で、試金石となる問いである。

パラドクスの起源

時間ループが存在する場合、「親殺しのパラドクス」がなぜ生じるかを改めて考えてみよう。

もともとのパラドクスは、「過去に戻った人が自分の親を殺す」というもので、この内容ならば、未来の知識や本人の意志が関与するように思える。しかし、図6-3に示したように、電子1個でも同じようなパラドクスが起きるのだから、知識や意志は関係ない。

電子がニュートンの運動方程式に従うならば、ある瞬間の位置と速度によって、その直後の位置と速度が定まる。これを繰り返していけば、過去から未来へと順を追って段階的に軌道が決まる。ところが、時間ループがあると、すでに決められていたはずの軌道を、未来からやってきた自分自身が変更してしまう。この変更が〝親殺し〟に相当する。

パラドクスをもたらすのは、「物理現象は、過去から未来に向かって順番に決まっていく」という、しばしば無条件に受け入れられる仮定なのである。

「時間ループは存在する」という前提の下でパラドクスを回避するためには、この仮定を見直さなければならないだろう。もっとも、仮定の正当性に対して、疑うべき理由をすでに提示してきた。

過去から未来に向かう時間の流れが存在しないことは、これまでの各章で説明してきた通りである。時間に方向性があるように見えるのは、時間軸の一方の端であるビッグバンがきわめて整然とした特殊な状態だからにすぎない。したがって、「物理現象は、時間の流れに従った順番で決まっていく」という原則など、もともと存在しないのである。

さらに、現実の世界は、初期条件と微分方程式に基づく、厳格でゆとりのない法則に支配されているわけではない。微分方程式によって何もかもがんじがらめに規定されるのではなく、多くの波が重なることで物理現象が形作られる。この〝ゆるさ〟が、パラドクスという論理の行き詰まりを回避してくれそうである。

「親殺しのパラドクス」の解決

異なる時刻をつなぐワームホールのある時空を考えよう。そこで運動している粒子が、未来側の入り口からワームホールに入り過去側の出口を出た後、「交差点」と書かれた地点で自分自身の過去の軌道とすれ違うものとする（**図6－5**。この図では、入り口と出口は瞬間的にしか存在していないが、ソーンが考案したワームホールでは、持続的に存在する）。

パラドクスは、交差点で何が起きるかを、粒子の軌道に沿って段階的に考えるときに生じる。過去からやってきた粒子は、まず、図6－5で「ワームホール通過前の軌道」と記した軌道に沿って交差点を通過する。その後、ワームホールを通り抜けた後、今度は、「ワームホール通過後の軌道」に沿って進んで交差点に近づく。このとき、近づいた粒子同士が力を及ぼし合うと、「ワームホール通過前の軌道」が乱され、場合によってはワームホールの入り口に進入できなくなる。しかし、そうなると、「ワームホール通過後の軌道」は存在せず、通過前の軌道が乱されることもない。さて、実際には何が起きるのか？

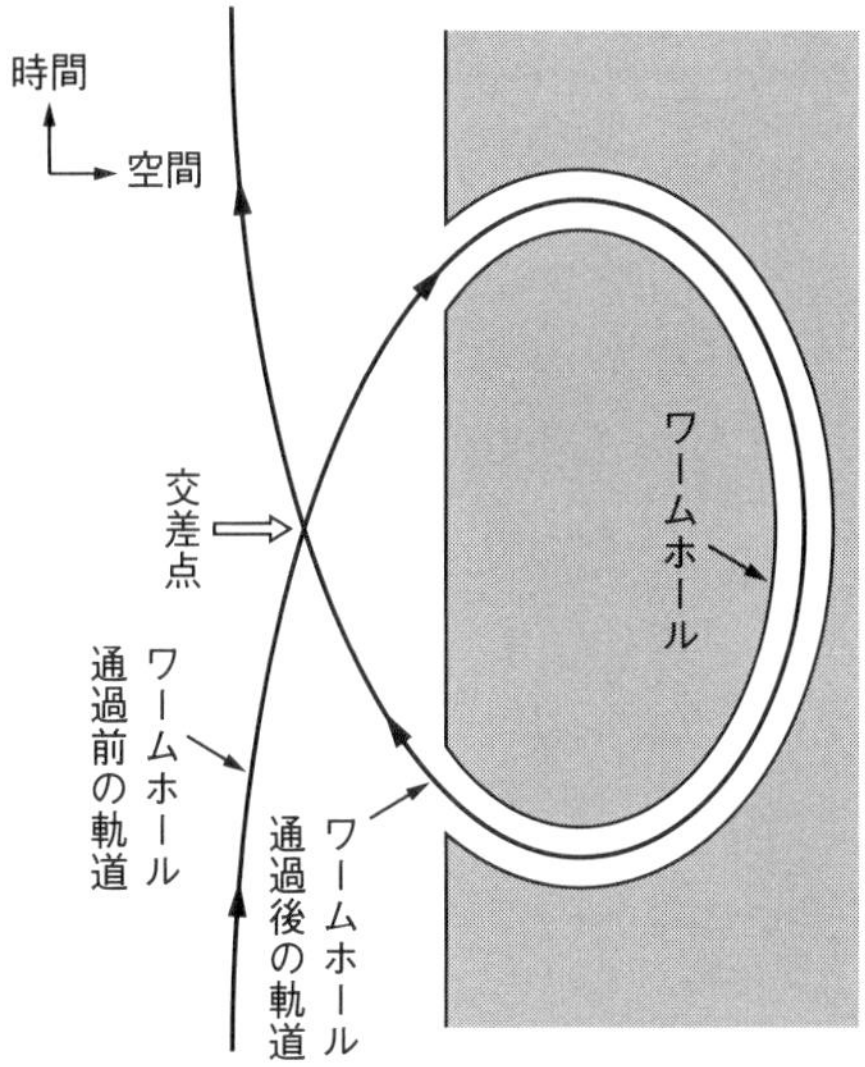

図6-5　ワームホールを通る軌道

ここで重要なのは、交差点と記したのが、時刻と位置が与えられた単一の地点だということ。時刻と位置が同じなのだから、そこでは一つに定まった物理現象が起きるはずである。これを、粒子とともに運動する視点から別々の時刻の出来事として扱ってはならない。

交差点では、ワームホール通過前と通過後の二つの軌道が交差する。この状況は、図5－5に示した二重スリット実験と似ている。二重スリット実験では、異なる位置からやってきた同じ粒子（正確に言えば、同じ波源から発射された量子論的な波）が、自分自身と干渉し合う。同様に、図6－5の状況では、異なる時刻からやってきた同じ粒子が、自分自身と干渉し合う。その結果として、一つの物理現象が形作られるのである。一つの物理現象なのだから、「ワームホール通過前と通過後の状況を別々に考える」といった扱い方は、正当ではない。

　この現象を、粒子とともに運動する視点から眺めてみよう。ワームホール通過前の軌道に沿って進んでいると、ワームホールの出口から飛び出した自分自身が近づいてくる。このとき、近づいてくる自分からの作用は、「通過前の軌道」のブレを通じて「通過後の軌道」を大きく変動させる効果を持つ。この効果は、遠方の粒子に瞬間的に巨大な反作用を及ぼすことと同等であり、ニュートンの運動法則に従っていない。それゆえ、接近する二つの粒子（実は同じ粒子）の相互作用をニュートン力学に基づいて求めようとしても、うまくいかない。この「うまくいかなさ」がパラドクスをもたらす。

　パラドクスを解決するためには、ニュートン力学のような「物理現象は時間に関する微分方程式によって決定される」という考え方を止める必要がある。ワームホールを通って自分自身とすれ違う無数の軌道があり、各軌道ごとの作用に応じて互いに干渉し合うとすれば、そのすべての効果が併さって、整合的・全体的な過程になると予想される。

　パラドクスは、「まずワームホール通過前の軌道だけがあり、これが通過後の軌道とすれ違うと……」と順番に扱うことによって生じた。はじめから二種類の軌道を併せて考えれば、パラドクスが起きる余地はない。

もっとも、既存の理論では、こうした過程の計算はできない。ワームホール内部では重力がきわめて強く、潰れないようにするために負の質量を持つ物質まで用意しなければならない。そうした状況下で作用として何を考えればよいかは判明しておらず、どんな現象が起きるかわからないのである。

物理学者の間でも、この点に関する見解は分かれている。ブラックホールの研究で有名なスティーヴン・ホーキングは、「時間ループがあるときの量子論的な計算は必然的に破綻すると考えられるので、時間ループは現実には存在できない」と主張したが、これも単なる予想である。

「万物理論のパラドクス」の解決

タイムパラドクスには、「親殺しのパラドクス」のほかに、「万物理論のパラドクス」がある。誰も考案していない万物理論の方程式が、なぜか忽然と現れるというパラドクスで、より一般的には、原因を欠いたまま結果だけが生じる過程を指す。このパラドクスも、「親殺しのパラドクス」と同じように解決できるだろうか？

万物理論のケースでは、論文のページのような「方程式の情報を含む対象」が、時間ループに沿ってグルグルと回り続ける。単に回り続けるだけならば、時間が丸まった円筒形時空（図6－2）でアリスや電子が回る場合と同じように、物理法則には矛盾しない。

では、そうした状態が実現される確率はどうなるのか？　もし時間ループをグルグル回る軌道の作用が判明すれば、状態の実現確率も求められると期待される（量子論では、通常、作用がわかれば確率分布関数と結びつけることができる。もっとも、時間ループが存在する場合に、この方法論が通用するかどうか、今の段階では不明だが）。

おそらく、宇宙に万物理論の方程式を記したページが忽然と現れる確率は、とてつもなく低いだろう。サルがデタラメにタイプライターを打っているうちに、全くの偶然で『ハムレット』と一字一句違《たが》わぬ戯曲が生まれる確率よりも、さらに低いはずである。

「万物理論の方程式」でなくても、そうなる原因が何もないのに、時間ループをグルグル回るような物体が理由もなく出現する過程は、確率的に見て起こりそうもない。たとえ電子1個でも、原因を欠いたまま出現することはないと考えられる。

「万物理論のパラドクス」は、たとえ物理法則に反していなくても、現実には起こらないと結論してよいだろう。

人間とタイムパラドクス

ここまで、単純な物理現象に関しては、タイムパラドクスは起きないという見通しを示してきた。しかし、人間がワームホールを通り抜けて過去に戻ることができれば、未来の知識と自由意志によって過去を改変し、タイムパラドクスを引き起こせると考える人もいるだろう。

こうした考えに対しては、「ワームホールが存在する世界は、この宇宙とは大きく異なる」ことを指摘しておきたい。

人類が誕生したこの宇宙は、ビッグバンという整然とした状態から始まったため、場所によるエネルギー密度の差がきわめて小さく、その結果として、時間の尺度が場所によらずほぼ一定になる。このため、物理現象はどこでも同じペースで進行し、まるで宇宙全域で一様に時間が流れているかのように感じられる。

しかし、この感じは錯覚である。

もし、時間が流れており、さまざまな出来事が、時間の流れに沿って過去から未来へと順に決まっていくのならば、未来から過去に戻れるワームホールがあるだけで、パラドクスは不可避となるだろう。だが、実際には、時間は流れていない。何が起きるかは、量子論的な波の干渉のような、一般の人が抱く常識とは懸け離れた過程として、解析しなければならない。

この宇宙には、おそらく、巨視的なワームホールはないだろう。だが、もしかしたら、宇宙はいくつも存在しており、その中には、始まりの瞬間にエネルギー分布が大きく揺らいで、時空がひどくねじくれたものがあるかもしれない。そこにはワームホールが存在し、過去に戻るルートが開かれているとも考えられる（負の質量を持つ物質があればの話だが）。

そんな宇宙で何が起きるか、はっきりとしたことはわからない。だが、エネルギーが大きく揺らいだ状態から始まった場合、長さの尺度が場所によって激しく変動しており、「時間が均一に流れるように見える」世界とは状況が大幅に異なると予想される。

こうした世界では、宇宙の初期にブラックホールが数多く形成され、荒々しいエネルギー流が生じるため、知的生命が誕生できない可能性が高い。仮に存在できたとしても、記憶や思考の仕組みが、穏やかな宇宙に育った人類と本質的に異なるのではないか。彼らがワームホールを通り抜けて過去に戻ったとき、そこで起きる出来事をどのように認識するのか、この宇宙に関する乏しいデータしか持たないわれわれには、想像することすら難しい。

自分と同じような人間がワームホールを通って過去に戻る状況を思い描き、それに基づいてパラドクスを論じるのは、根拠の乏しい憶測でしかないのである。

もう少し深く知りたい人のために

「存在」と「生成」の物理

本文で示したタイムパラドクスの解決法は、物理現象が過去から未来へと順番に決まっていくのではなく、現象全体を単一の整合的な対象として扱うという手法である。図6－5で言えば、ワームホール通過前と通過後の軌道の交差が起きる前後まで含めた全体を、一つの物理現象として扱った。

はじめから終わりまでを単一のものと見なすのだから、この全体は、新しいことが次々と起きるダイナミック（動的）な過程ではなく、全体がすでに決まっているスタティック（静的）な対象なのである。ダイナミックな時間変化を否定したからこそ、タイムパラドクスが起きなかったと言えよう。

こうした扱いは、相対論を前提とする現代物理学では、避けることができない。相対論では、時間が空間と同じような拡がりだとされる。空間内部には、山や谷などの多様な地形が存在するが、これと同じように、時間軸に沿って展開されるさまざまな出来事も、拡がりの内部に存在する一種の〝地形〟なのである。

空間に関しては、「たとえ見えなくても、山の向こう側にどんな地形が存在するかは定まっている」というのが常識的な考え方である。だとすると、時間と空間が同じような拡がりだとする相対論の立場からは、「たとえ予見できなくても、未来がどうなるかは《事実として》定まっている」と言わざるを得ない。

この見方は、新しいタイプの決定論——事実的決定論——と言えるかもしれない。一般的な意味での決定論とは、ある瞬間の状態によって、その後に何が起きるかが完全に定まるというものである。これに対して、事実的決定論は、「ある瞬間の状態に未来を決める全情報が含まれるわけではないが、未来に何が起きるかは、事実として決まっている」という立場である。

事実的決定論を徹底させると、「新しいことがダイナミックに生成される」という生成過程が、物理学に含まれなくなる。これは、少し奇妙なことかもしれない。

量子揺らぎのある世界線を描いた図5－7は、座標軸として物理変数と時間を選んでおり、時間軸に沿って何かが生成されるようにも見える。しかし、この座標軸は、見やすさを考慮して選択したものである。時間と空間を同じ拡がりと見なす立場からは、空間をメッシュに分割するだけでなく、時間も分割して各時刻における場の値を物理変数に加えなければならない。この場合、独立した時間軸はなくなり、分割された時間と空間の区画の総数（場の成分が複数あるときには、さらに成分数を乗じた数）に等しい座標軸が存在する。

ニュートン力学やマクスウェル電磁気学のような古典論ならば、古典解として実現される状態は、この無数の座標軸を持つ空間の1点となる。世界の状態は、世界線ではなく世界点で表されるのである。量子論になると、量子揺らぎによって、この点の周囲にぼやけた拡がりが生じる。

世界点で表される状態は、完全にスタティックであり、新しいものを生じさせるダイナミックな変化は起きない。「生成（なる、become）」のない、「存在（ある、be）」だけの世界である。これが物理学の示す真理だとすると、この宇宙は、はじまりから終わりまでが一つのスタティックな存在ということになる。だが、すべての科学者が、その考えに同意したわけではない。

第4章でも紹介したプリゴジンは、現代科学では「存在」よりも「生成」の解明を目指すべきだと主張し、この目標を達成すべくいくつかの提案を行った。ただし、多くの物理学者は、相対論と整合しないなどの理由から、プリゴジンの提案に対して否定的である。

一部の物理学者は、あらゆる現象の基礎とされてきた「時間と空間」という枠組みを解体し、別の何かから時空が生成される可能性を模索している。関係性のネットワークから時空が生まれるという、もっともらしい説もある。しかし、そうした見方を採用したとしても、何か新しいことが起きる「生成の次元」を構想するのは難しい。相対論的な時間は、単なる拡がりであって、もはや変化を生み出す次元とは言えない。だが、その代わりとなるものは、いまだに見いだされていないし、存在するかどうかもわからないのである。

第7章

時間はなぜ流れる（ように感じられる）のか

■■■ 時間は物理的に流れるのではない。では、なぜ流れるように感じられるかというと、人間が時間経過を意識する際に、しばしば順序を入れ替えたり因果関係を捏造したりしながら、流れがあるかのように内容を再構成するからである。

相対論によれば、時間は、空間と同じような拡がりだとされる。それでは、なぜ空間と違って「流れる」と感じられるのだろうか？　この問いに答えるのは、容易ではない。その理由は、「時間の流れ」が物理現象でなく、人間の意識に由来するからである。

多くの人は、「現在」だけが実在すると感じているだろう。時々刻々と変化する意識は、各瞬間に大脳皮質で行われる情報処理の結果を、意識主体がオンタイムで〝読み取る〟ことによって生じる——そんな解釈が一般的かもしれない。

しかし、現代物理学の知見によれば、現在という特別な瞬間は存在しない。物理的に現在は存在しないのに、心理的には現在しか存在しないのはなぜか？　また、時間を超越した意識主体を想定することも、科学の常識と相容れない。ならば、異なる時刻における意識が時間的につながっているように感じられる理由は何か？　時間について理解するには、物理と心理の間に横たわる巨大な溝を乗り越えねばならない。

問題を解決するための第一歩として、まず、意識における「時間の流れ」が具体的にどのようなものかを、もう少し詳しく見ていくことにしよう。

時間は無意識下で再構成される

意識と時間の関係について考える際に論点となるのが、「ある瞬間の意識」が存在するかどうかである。比喩的に言えば、意識とは、映画フィルムのようなものか、あるいは、DVDの動画ファイルのようなものかという問題である。

映画フィルムは、コマと呼ばれる画像を順番に並べて記録しており、これを映写機によって逐次的に投影することで、動いているように見える映像を生み出す。一つ一つのコマは、ある瞬間を写した静止画であり、それ自体が被写体の情報を含んでいる。

一方、デジタルデータであるDVDの動画ファイル（MPEG-2と呼ばれるフォーマットで圧縮したもの）には、「ある瞬間の画像データ」は存在しない。0・5秒程度の範囲にわたる動画のデータを、数学的に変換して記録している。ハードディスクに記録された動画ファイルを、映画フィルムと同じようにコマ単位で編集しようとしても、端の部分で画像や音声が乱れてしまいがちなのは、そのせいである。

もし、物理的に「現在」しか存在しないのならば、人間が自覚する意識は、その瞬間の心的状態が生み出すものであり、「時間が流れる」という感覚は、時間方向に心的状態が変化していく過程だと考えられる。「現在の意識」は、ちょうど映画フィルムにおけるコマのように、ひとまとまりの情報を持つはずである。ある瞬間のまとまった情報が、時間の流れとともに積み重ねられて、継続的な意識となる——現在だけが存在するという立場からは、そのように解釈できるだろう。

ところが、実験心理学が明らかにした意識の実態は、そんな単純なものではなかった。脳は、時間の順序を入れ替え、因果関係を作り直し、理解しやすいストーリーを捏造して、われわれに意識させていたのである。

ここでは、話をわかりやすくするために、心理学者が行った実験ではなく、野球のバッターの例を使って説明しよう。

バッターがボールを打ち返せるわけ

ヒットを打ったバッターが、試合後のインタビューで、「真ん中高めにストレートが来たので、思いっきり打ち返しました」などと答えることがある。本人はそう信じているのかもしれないが、これは、脳が捏造したストーリーでしかない。

バッターがボールを打つ場合に行う作業は、⑴ボールの動きに関する視覚情報の取得、⑵この情報に基づいてどのように身体を動かすかというプランの策定、⑶プランに基づく脳から筋肉への指令、⑷この指令によって引き起こされる筋収縮——である。⑴から⑷の開始までをすべて実行するには、それなりの時間を要する。

刺激に対して反応するまでの時間に関しては、さまざまな実験データがある。ランプが点灯したらボタンを押すといった単純なケースでは、反応時間は0・15〜0・3秒程度と短い。「ランプの色によって押すボタンを変更する」という条件をつけると0・2〜0・3秒、垂直跳びのような全身の反応が要求される場合は0・3〜0・4秒となる。バットでボールを打つのは、細かな調整を必要とする全身運動なので、網膜にトリガーとなる光像が入射してからバットを振り出すまでに、0・4秒近く掛かるだろう。

投手が足を置く投手板からホームベースまでの距離は、野球規則で18・44メートルと決められている。プロ野球投手の球速は、直球の場合で時速130〜165キロメートル（秒速36〜46メートル）程度なので、球速の遅い投手でも、ボールが手を離れてからベース上を通過するまで

0・5秒程度しか掛からない。ボールがマウンドとベースの中間に来るまで待ち、コースや球種を見極めてからバットを振り始めたのでは、キャッチャーが捕球した後でスイングするというみっともない結果になる。

それでは、バッターはなぜボールを打ち返せるのか？　実は、予測制御の限りを尽くしているのである。

通常は、投球前から予想を始める。試合展開やキャッチャーの配球パターン、投手の癖などに関する知識に基づいて、次にどんなボールを投げるかを、しばしば無意識裏に予想する。しかし、この予想だけに基づいてバットを振っても、ヒットを打てる確率は小さいだろう。

有能なバッターが3割以上の打率でヒットを打てるのは、事前の予想に加えて、リアルタイムでの予測を行うからである。練習を積んできたバッターは、ピッチャーの腕の振りや投げ出されたボールの角度などを見るだけで、ホームベースに到達したときの球速やコースをかなりの確度で予測できる。そこで、予測されるボールを打ち返すのに必要な筋肉の収縮度合いが計算され、脳から指令が出される。

このときの運動制御は、フィードフォワードと呼ばれるタイプになる。工学の分野でよく知られた制御法はフィードバックだが、ボールの動きを目で見ながら身体の動きを修正していると、0・3〜0・4秒のタイムラグがあるため、適切に対応できない。事前予想に基づいてあらかじめスイングの仕方をプランニングしておき、その上で、投球フォームやボールの角度からホームベース上での球種などを予測して、筋肉の出力を再調整する。こうした制御は、未来予測をもとにしているので、フィード《バック》ではなくフィード《フォワード》である。

捏造された意識内容

ヒットを打った後のインタビューでは、球種を見極めてからバットを振る決断をしたと答えることがあるが、これは、生理学的にあり得ない。目で見てから体を動かすまでの反応時間を考慮すると、球種がわかるほどボールが進んでからでは、バットをボールに当てることは不可能である。バットを振る意志決定が行われるのは、投手の手からボールが離れた直後（あるいは直前）のはずである。

バッターのケースを直接検証するのは困難だが、一般的な実験心理学のデータによると、ある行動を起こすための意志決定は、無意識下でなされることがわかっている。

人間が随意運動を行う際に脳波を測定すると、動作の1秒ほど前から、運動指令を出す部位である運動野（一次運動野や補足運動野）に微小な電位変化が現れる。これは、随意運動に対する準備活動だと推測され、このとき生じる電位を、運動準備電位、あるいは単に準備電位と呼ぶ。

準備電位の発生と意識には関連性のあることが、各種実験を通じて明らかにされた。「決められた時間内に腕を上げる」といった特定の動作を行うように指示された被験者の脳波を調べると、いつ動作を始めるかあらかじめ決めていた場合は、動作開始の1秒ほど前から準備電位が現れる。一方、いつ行うかを決めず、〝自然と〟行動したくなったときに動かす場合は、0・5秒前からとなる。

興味深いのは、行動したくなったと意識するのが、準備電位が生じてから0・2〜0・3秒ほど後になるという事実である。つまり、意志決定は無意識下で行われ、行動しようと自覚した時点では、すでに脳内で行動の準備が進められているのである。

脳の活動には、一般にこうした特徴があるので、バットでボールを打つ場合も、バットを振るかどうかはボールが投げ出されたときにすでに決定されていたが、それが意識されなかったと考えられる。

にもかかわらず、インタビューの際に、ボールのコースを見て打つかどうかを決めたと答えることがある。もちろん、意図的に虚偽の発言をしたのかもしれないが、脳が情報を捏造したと考える方がしっくりくる。脳は、随意運動でフィードフォワード制御を行うが、その際に、状況の推移とそれに対応する身体の動きをあらかじめシミュレーションする。このシミュレーションの内容が意識されると、それが事実だと錯覚され、「ボールがこのようなコースをたどったので、それに応じて身体を動かした」と感じられるのではないだろうか。

皮膚ウサギ効果

意識される内容が現実の状況そのままではなく、多くの変更が加えられたものであることは、さまざまな実験によって検証されてきた。時間に関しても、意識内容が外界の状況に直接的に対応していると、うかつに信じてはならない。

例えば、「皮膚ウサギ効果」と呼ばれる奇妙な錯覚がある。この効果が最初に報告されたのは、1972年のことである。先を丸めた直径6ミリメートルほどの樹脂製の棒で、腕の外側を0・04秒から0・08秒程度の周期で〝タップ〟する（軽く突っつく）実験を行った。

典型的な皮膚ウサギ効果は、手首のすぐ下と、そこから肘方向に10センチメートルずつ離した計3箇所を、相互に0・05〜0・1秒の間隔を開けて5回ずつタップした場合に生じた。このとき、被験者は、タップされる場所が、ほぼ一定の距離を開けて移動するように感じたという（図7−1）。小さなウサギが飛び跳ねるのに似た感覚だったそうだ。ウサギの跳ねる方向は刺激を与える順番によって変わる。五つの棒を両腕に二つずつ、首の後ろに一つセットしてタップしたときは、ウサギが片方の腕を上り、首を回って、もう片方の腕を下る感覚が報告された。

この実験で興味深いのは、離れた数箇所だけに物理的な刺激が加わったにもかかわらず、タップされた位置が、等間隔で移動するように感じられた点である。タップする回数を増減させた

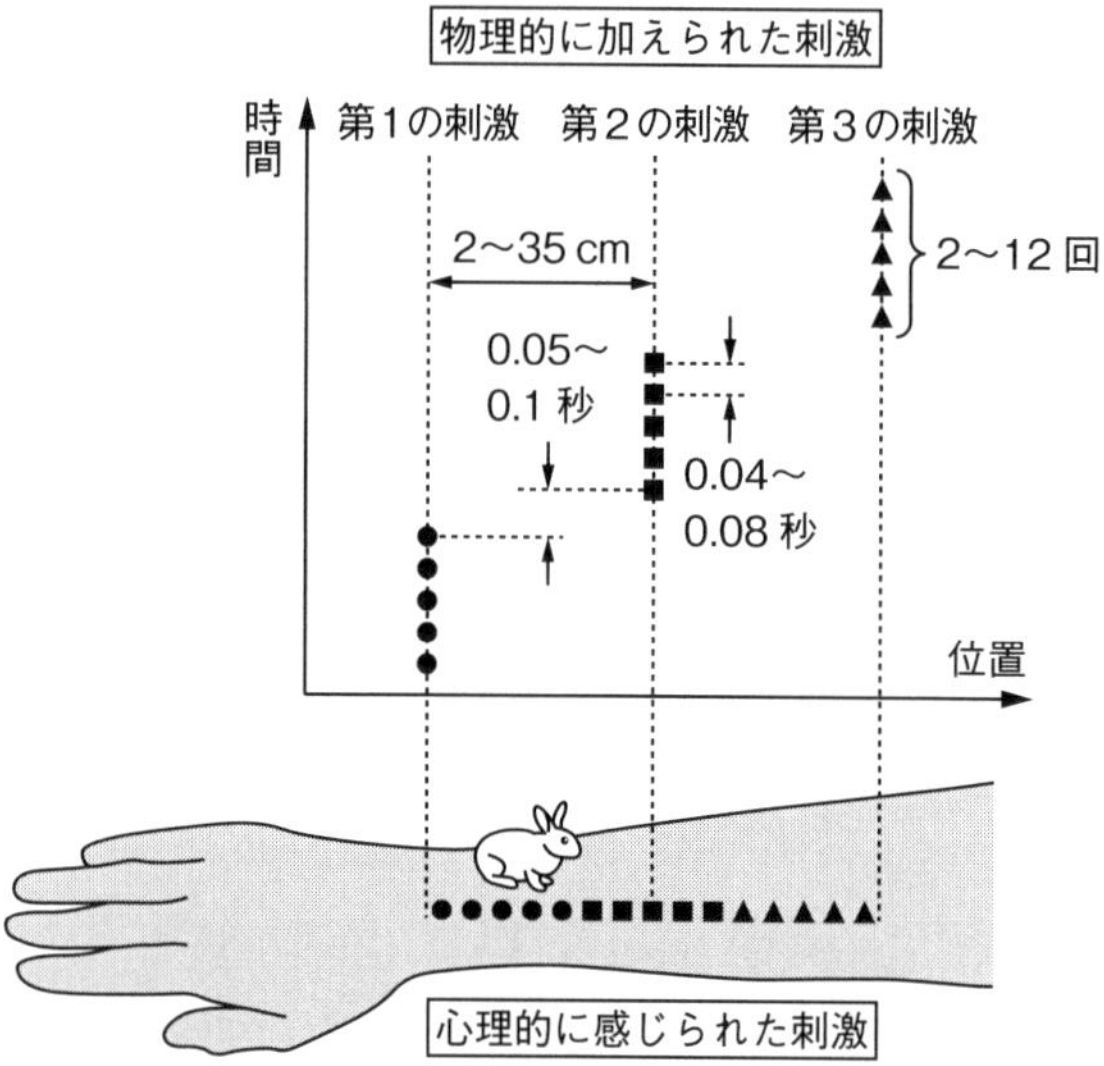

図7-1　皮膚ウサギ効果

り、刺激の間隔を長くしたりすると、知覚が曖昧になるものの、ウサギが跳ねる感じは失われない。ただし、刺激の間隔を0・2秒程度（実験のセットアップによって差がある）にすると、ウサギ効果は消滅したという。

ウサギ効果は、皮膚における位置の錯覚であるが、同時に、人間が時間方向の変化をどのように知覚するかに関しても知見を与えてくれる。

手首近くを5回タップしたとき、それに続いて異なる場所でタップされなければ、被験者は刺激が加えられた実際の位置が5回タップされたと感じる。ところが、少し遅れて別の場所がタップされると、手首近くの5回のタップが等間隔で移動し始める。まるで、未来に何が起きるかによって過去の知覚が変化したかのようだ。

この現象は、次のように説明される。

皮膚に物理的刺激が加えられ、その情報が求心性の神経を通って一次体性感覚野に送られても、そのますぐに知覚されるわけではない。連合野と呼ばれる領域で、記憶や他の知覚を含むさまざまな情報と比較照合され、処理された結果が意識される。このため、感覚器官に刺激が加えられてから知覚情報として意識されるまで、0・5秒ほど時間が掛かる。

ウサギ効果は、先にタップされた刺激が意識化される前に、次のタップ刺激が入力されたことが引き金となって生じたと解釈できる。記憶との照合をもとに、離れた場所でのタップ刺激に関する入力が、より現実に起こりそうな「連続的な移動過程」へと作り直されたのだろう。刺激の間隔を長くすると効果が消滅するのは、先行するタップの知覚が意識されてしまい、その後でのタップは独立した別個の事象として捉えられるせいだと考えられる。

こうした知覚情報の再構成——あえて言えば、脳による知覚の捏造——は、日常生活ではあまり意識されないものの、心理学実験によって、頻繁に起きることが確認されている。

人間が、物理的な実態と異なって「時間の流れ」を感じるのも、こうした知覚情報の再構成に起因するのだろう。

脳は時間に関して恐ろしく鈍い

相対論の説明をする際に述べたように、物理現象に関して、時間と空間は同じような拡がりと見なせる。したがって、時間と空間の長さは、同じ単位で表すのが自然である。時間の単位を1秒とするならば、空間の単位は1光秒（＝3億メートル）、空間の単位を1メートルにするならば、時間の単位は3億分の1秒となる。

ところが、人間にとって日常的な大きさとは、空間が1メートル程度なのに対して、時間は1秒程度である。人間の時間のスケールは、物理的に自然な単位の数億倍である。

日常的に使われる時間の単位が空間に比べて桁外れに長いのは、それだけ脳の働きがゆっくりしていることを意味する。人間は、光の伝播や素粒子反応はもちろんのこと、燃焼のような化学反応についても、異様に速いと感じる。これは、自分を基準にして外界を観測するからであり、人間の頭の回転は、多くの基礎物理過程に比べて、きわめて遅いと考えた方がよい。

頭の回転が遅い理由は、その基盤にある神経興奮が、イオンの移動というゆっくりした過程に依存するからである。

神経興奮とは、ニューロンと呼ばれる細長い神経細胞において、細胞膜を挟んだ電位差の変動

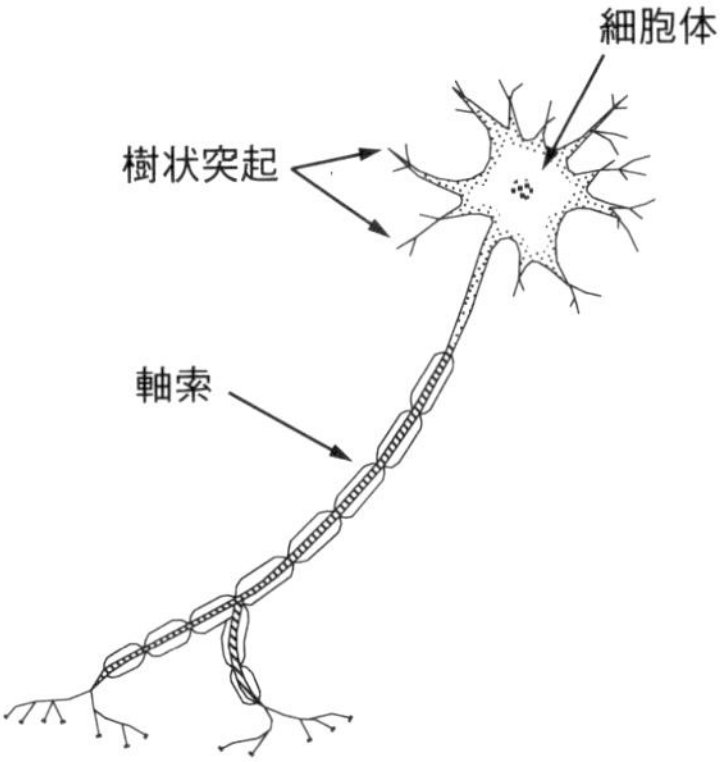

図7-2　神経細胞

が、軸索を伝わることを指す（図7-2）。この電位差を生じさせるのは、荷電粒子であるイオン（主に、ナトリウムまたはカリウムの原子から電子が失われた陽イオン）の移動である。

神経興奮が生じていないとき、イオンは、細胞膜上にあるイオンポンプによって能動的に移送される。その結果、膜の内外でイオンに濃度差が生じ、静止電位と呼ばれる電位差が作り出される。一方、神経が興奮する際には、細胞膜のイオンチャンネルが開き、静止電位に引っ張られてイオンが受動的に移動する。この電荷の流れが、大きく変動する活動電位を作り出す。

イオンの移動速度は、光の伝播などに比べるときわめて遅いため、静止電位の状態から活動電位のピークを経て再び静止電位に戻るまで、数ミリ秒〝も〟かかる（1ミリ秒は1000分の1秒）。

ニューロンは、シナプスを介して相互に接続したネットワークを形成している。あるニューロンが興奮すると、接続している別のニューロンに対して、興奮性あるいは抑制性の作用を及ぼす。ヒトの大脳皮質には140億〜160億個と言われるニューロンが存在し、それぞれが多数の（部位によって異なるが、数百から1万以上の）シナプスで他のニューロンと接続している。シナプスは、胎児期から新生児期にかけていったん過剰に形成された後、〝刈り込み〟によって必要なものが残されるほか、成長した後でも、形成と消滅を繰り返す。また、個々のシナプスにおける伝達効率（接続したニューロンに対して興奮／抑制作用を及ぼす効率）は、神経興奮の頻度などで変化する。シナプスの個数や効率の変化が、記憶の形成を可能にする。

ニューロンの軸索を活動電位が伝わる伝導時間は1ミリ秒以下、シナプスでの化学作用によって他のニューロンにシグナルを伝達する時間は、1ミリ秒から数ミリ秒程度になる。感覚入力が大脳まで達せず、脊髄内部の神経系によって定型的な身体反応が引き起こされる脊髄反射の場合、反応時間は数十ミリ秒で済む。

しかし、大脳における複雑な情報処理は、それほど素早くない。多数のニューロンによって構成される大脳のネットワークでは、シナプスを介して相手を興奮させたり、逆に興奮を抑制したりしながら、全体として協調的な神経興奮のパターンが作り出される。膨大な数のニューロンが相互作用するので、「光点が見えたらボタンを押す」といった簡単な作業でも、反応に数百ミリ秒を要する。

大脳における神経活動の大半は無意識下で行われるが、意識が介在するケースでは、さらに時間が掛かる。脳波を調べると、意識が生じるのは、大脳皮質で広範囲に及ぶ神経興奮が観測されたときである。こうした興奮のパターンが形成されるまでに時間を要するので、感覚器官が刺激されてから意識内で知覚されるまでに、５００ミリ秒（０・５秒）ほどのタイムラグがある。

過去と未来の非対称性

時間がどのように意識されるかを考える上で、脳による時間情報の再構成、神経興奮のタイムラグとともに重要なのが、過去と未来の非対称性である。すなわち、過去に関しては、高い確実性のある記憶を有するのに対して、未来に対しては、不確かな予測しかできない。

こうした非対称性があるのは、エントロピー増大の法則と関係する（エントロピーに関しては第4章で説明した）。

恒星から放射された光が冷たい宇宙空間に拡がっていく過程で、エントロピーは急激に増大する。この流れの中に、冷たい液体のある環境が存在すると、そこで高いエネルギーを内部に有する高分子化合物が合成されることがある。分子の合成過程だけに限るとエントロピーは減少しているが、光が拡散することによるエントロピーの増分の方が圧倒的に大きいため、全体ではエントロピーが増える。大量の水が落下する滝があるとき、部分的に水が跳ね上がることがあっても、全体として「水は高いところから低いところへ流れる」という法則が満たされるのと同じである。

絶対零度に近い広大な空間内部に、小さくて熱い恒星が点在するのは、この宇宙が整然としたビッグバンで始まったからである。したがって、高分子化合物は、時間軸においてビッグバンに近い側で合成され、ビッグバンから遠ざかるにつれて壊れていく。

神経ネットワークは、ATPのような高分子化合物がシナプス形成に必要なエネルギーを供給することで形作られる。感覚器官からの入力をきっかけとして特定のパターンを持つネットワークができあがると、そのパターンが、以後の神経興奮の方向性を決定する記憶として機能する。したがって、記憶は、時間軸において、高分子化合物が次々と合成される側、すなわち、ビッグバンに近い側で形成される。ビッグバンから遠ざかるにつれて、シナプスが消滅したりニューロンが傷ついたりして、記憶が失われていく。

人間が過去の記憶しか持たず、未来についての情報がほとんど得られないのは、時間が過去から未来へと流れるからではない。宇宙全体のエントロピーが、ビッグバンから遠ざかる側に向かって急激に増大することの結果である。

「時間の流れ」という錯覚

脳は、数百ミリ秒以下の間隔で起きる出来事を、実際に生起する順序通りに正しく並べることができない。ごく当たり前のように、時間の入れ替えや因果関係の捏造（「球種を見てからバットを振った」というような）が生じる。

脳による情報の捏造を実感するだけならば、精密な心理学実験は必要ない。ほとんどの人は、うっかり熱い物に触れ、慌《あわ》てて手を引っ込めた経験があるだろう。この経験を想起すると、「熱いと感じたから手を引っ込めた」という出来事として思い出されるのではなかろうか。

しかし、この記憶は事実ではない。手を引っ込めるのは脊髄反射であり、引っ込めた時点で脳の連合野に感覚器官からの信号は届いていない。「熱い」という温度感覚と、「手を引っ込めた」という運動感覚は、手を動かした後で別々に脳に送り届けられたものである。脳は、これを「熱いという知覚があったから手を引っ込めた」という時間に沿ったストーリーに作り替えて記憶する。

多くの人は、さまざまな体験が、時間の流れに沿って順に生起すると感じるだろう。しかし、そうした時間感覚自体、脳が捏造したものである。意識を内省するだけで「時間とは何か」という問いに答えようとすると、大きな誤りを犯すことになる。

脳は、リアルタイムで変化する情報をそのまま受け入れることで時間の推移を感じるのではなく、入力された情報をいったん神経細胞のネットワークで処理し、その結果として時間感覚を含む意識を形作る。「時間が流れる」という感覚も、こうした処理を通じて生み出される。

意識における構成要素の交代

意識の中には、痛みのような直接的な感覚、はっきりした視覚像や連続音、ありありとした思い出のような、そこだけを抜き出して議論の対象にできるほど独立性の高い部分がいくつも存在する。こうした抜き出し可能な部分を、意識の構成要素と呼ぶことにしよう。

意識の構成要素は、大脳皮質における神経興奮と密接に結びついている。このことは、被験者のニューロンを電気刺激で興奮させると、身体の特定部位が刺激されたように感じたり、長く忘れていた音楽がはっきりと聞こえたりすることから確かめられる（こうした実験としては、脳神経外科医だったワイルダー・ペンフィールドが、てんかん治療のため部分麻酔のみで開頭手術を行う際に、患者の同意を得て実施したものが有名だが、現在では、安全性を優先してあまり行われていない）。

網膜から脳に送られた視覚情報は、大脳の視覚野で形・大きさ・動きなどの特徴の分析がなされた後、連合野において他の情報と照合された上で、数百ミリ秒をかけて対象物に関する認知を構成する。こうした認知は、単なる図形としてでなく、「具体的に何であるか」という情報を含

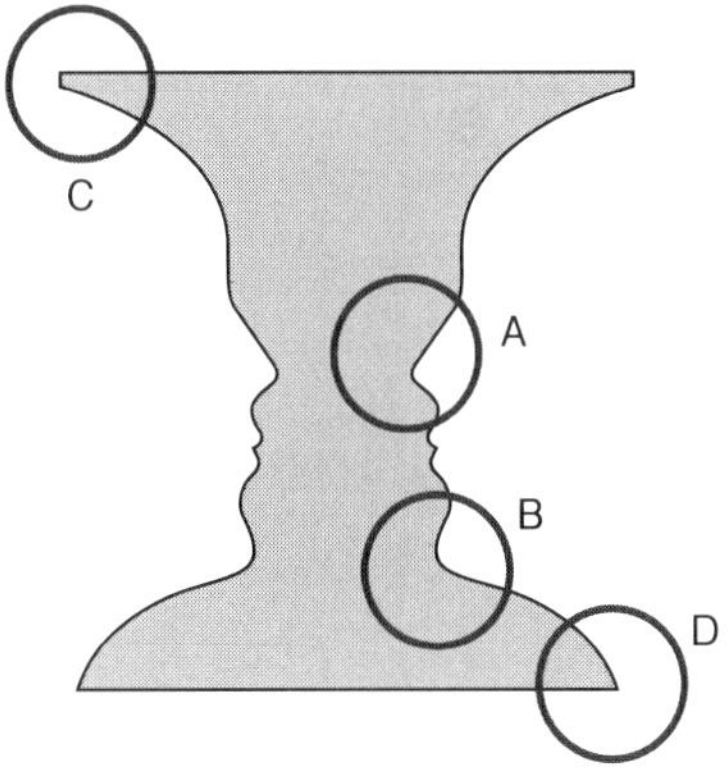

図7-3 ルビンの盃

んだものとして意識される。

視覚情報が入力されてから対象物に関する認知が成立するまでに、少しタイムラグがあることは、有名な「ルビンの盃《さかずき》」（図7－3）を眺めることで、ある程度まで実感できる。

この図は、黒い部分が盃、白い部分が向き合った顔になっており、一つの図が二つの異なる対象を表す多義図形として知られる。

ただし、盃と向き合った顔が同時に認知されるわけではない。図7－3をじっと眺めると、盃が見えたり顔が見えたりと、意識内容が何度も交代するように感じられるだろう。

この交代過程は、次のように説明される。人間は、自分でも意識しないうちに、しきりに視線を移動させながら、特徴的な図形を探索する。ここで特徴的と言うのは、視覚野で優先的に分析される性質を持つことで、よく知られているのが、「動物の眼」のような図形である。壁のシミに眼を思わせる模様があると、やたら気になってしまうのは、大脳の視覚野が他の部分に先立って特徴分析を行うせいである。

眼の模様と同様に優先的に処理されるのが、輪郭線の曲率が極大になる部分である。そうした部分があると、意識しなくても目に留まる。このとき、脳は、この部分が出っ張っているとの前提の下に、そこにつながる輪郭線をたどりながら対象物の立体的な形状を把握しようとする。ルビンの盃を目にすると、人はあちこち視線をさまよわせ、輪郭線の曲率が極大になる部分を見つけると、そこが出っ張っているものと仮定して、記憶の中から似た形状の物体を探し出す。このため、図7－3のAやBの部分に目が留まると、そこが鼻や顎に似た形であると気づいて、白い部分が顔のように見える。一方、CやDに視線が向いたときには、盃の縁や台座の出っ張りに見えてくる。

顔ないし盃のイメージが形成されるとき、脳の内部では、それぞれのイメージに対応する神経興奮がしばらく持続する。この持続的な神経興奮が、意識の構成要素になると考えられる。顔から盃へと交代する際には、縁や台座に目を留めたことが引き金となって盃に対応するニューロンのネットワークが興奮し始め、それとともに、盃のイメージと両立できない神経興奮が抑制される。神経興奮のパターンが安定した状態に達するまでに少し時間が掛かるので、イメージが交代する途中に、内容の不分明な移行過程がはさまれる。このことは、注意深く内省すれば感じ取れるだろう。

ルビンの盃の場合、図の周囲を含む全体的な視覚像がコンテキストとなり、その中に、顔や盃のような個別的イメージが、言わば埋め込まれたような形で現れる。コンテキストが連続性を保ち、その一部である個別的イメージが交代することによって、意識内容に時間的な変化が生まれる。

意識の時間構造

神経興奮は、物理学で「協同現象」と呼ばれるタイプの現象である。協同現象とは、部分だけを見ると機械的な動きのようでありながら、全体としては、あたかも合目的的であるかのような協調性を示す現象である。とは言っても、物理学の基礎方程式に従っており、人智を超えた不可思議な出来事ではない。強磁性体の自発磁化やレーザー発振などが、協同現象の例として知られる。

個々のニューロンが興奮する場合、まるで「活動電位を伝える」という目的の達成を目指すかのように、細長い軸索に沿ってイオンが順序正しく移動する。

広範囲にわたる神経活動のパターンは、ネットワーク内部に拡がった協同現象だと見なせる。

あるニューロンの興奮は、シナプスを介して他のニューロンを興奮させたり、逆に興奮を抑制したりする。その結果、特定の閉回路に沿って、興奮性シナプスが連続することで興奮が維持されるとともに、抑制性のシナプスによって、周辺に不要な興奮を波及させないような活動パターンが生じることがある。こうしたケースでは、同じ神経活動のパターンがしばらく持続する。これが意識の構成要素となる協同現象だと推測される。

ある時刻の意識は、その瞬間のイオンの動きといった単純な過程ではなく、協同現象と見なせるような、持続的な神経活動のパターンに由来する。意識の根底に持続的な物理現象があるのだから、映画フィルムのコマに相当する「瞬間的な意識」は存在しないはずである。その意味で、意識は、映画フィルムよりもＤＶＤの動画データに似ている。

意識の内容には、さまざまな時間的要素が含まれるが、必ずしも外界の状況を忠実に反映したものではない。順序の入れ替えや因果関係の捏造が、ごく当たり前に見られる。また、羽根で皮膚を撫でられるような一連の感覚は、羽根がどこかに触れたという知覚が位置をずらしながら逐次的に現れるのではなく、ひとまとまりの出来事として感じられるだろう。皮膚ウサギ効果も、そうした時間的な拡がりを持つ構成要素だと言える。

「ルビンの盃」を目にしたときの意識で言えば、顔（あるいは盃）という中心的な構成要素や、連想という形でそこから派生する新たな要素、コンテキストとなる周辺の要素があり、これらが組

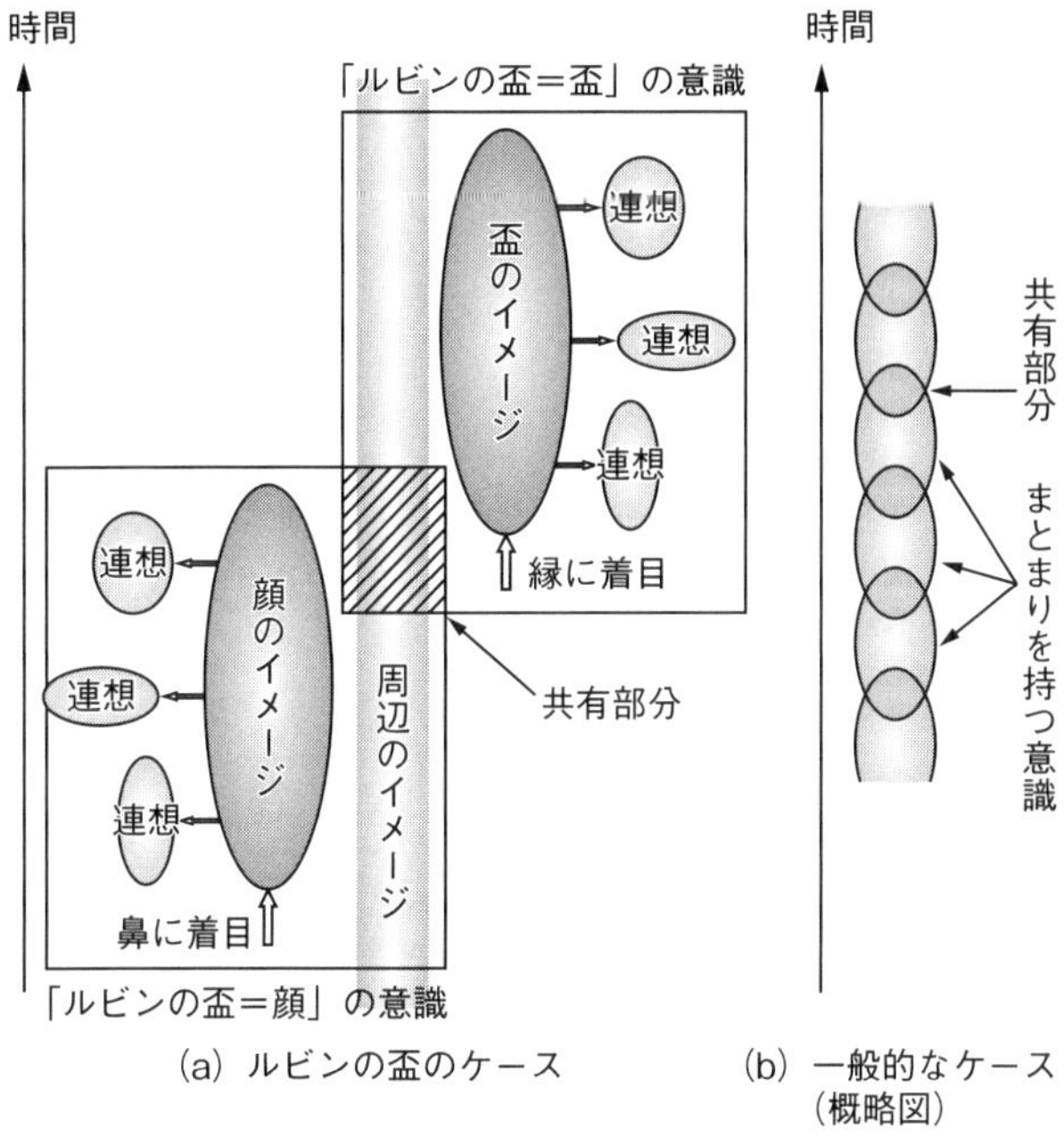

図7-4　意識の時間構造

み合わさって、一つのまとまった意識を形作る。

意識の時間変化は、構成要素の交代によって引き起こされる。その際、いくつかの要素（ルビンの盃ではコンテキストとなる周辺の要素）が不変に保たれ、続く意識にも含まれる。この状況を図示するならば、**図7－4**(a)のようになるだろう。構成要素のある部分が交代し、別の部分が共有されるという状況に限定すれば、図7－4(b)の概略図で表される。

「時間の流れ」の起源

人間は、第2章の図2－7に示したアリスとボブのように、過去から未来に伸びた金太郎飴を思わせる存在である。大脳皮質における神経活動も、その人の誕生から死に至るまで、つながって存在する。その結果として生じる意識のうち、一度に自覚できるのは、まとまりを持つ意識の内容だけである。意識の時間変化とは、意識主体に提示される情報が連続的に変わる過程ではない。持続的な協同現象によって形作られたまとまりが、時間方向に連なっていることである。少しずつ異なるまとまりが、いくつかの要素を共有することでつながり、総体として、時間方向の変化がある一連の意識になる。これが、心理的な「時間の流れ」の実態ではないだろうか。

マルセル・プルーストの小説『失われた時を求めて』には、一口のマドレーヌをきっかけに心理の変化が生じる過程が描かれる。プルースト自身を思わせる主人公は、陰気な思いに打ちひしがれた冬の日の夕暮れに、母親に勧められるまま、ひとかけらのプチット・マドレーヌを溶かした紅茶を口にした瞬間、身震いするほどの幸福感にとらわれる。その味は、彼が幸福な少年時代を送った田舎町コンブレーで、叔母がハーブティーに浸してくれたマドレーヌと同じだったのである。これをきっかけに、主人公は、長い長い回想を始める。

このとき、主人公の意識は、陰気な思いや母親が淹《い》れた紅茶の視覚像など、その時点で身の回りにあった具象的な要素から、コンブレーの古い家や善良な人々などの記憶の想起へと、急転回する。マドレーヌの味は、二つのまとまった意識にまたがる共有部分となり、現実から回想へと時間を進めるきっかけになった。

時間の流れは、物理的に存在するのではない。心の中で流れるのである。

もう少し深く知りたい人のために

意識と量子論

本章で「まとまりを持つ意識」を物理学の観点から論じたことを、奇妙に思った読者がいるかもしれない。意識が生じるときの物理過程は、イオンが細胞膜を通って移動するという即物的なものである。一方、意識とは、こうした物理過程とは異なって、抽象性の高い内容を持つ。抽象とは人間の思考によってのみ遂行されると考えるのがふつうなので、物理学で意識を論じるのは不可能だと言いたくもなろう。

しかし、これは、原子論にとらわれた発想である。古典的な原子論では、真空内部を原子が動き回ることで物理現象が生起すると考える。原子が物理的な実体であり、現象とは「原子の運動」という二次的な出来事だと見なす。こうした思考の枠内に留まる限り、抽象的な内容を持つ意識を物理学の対象として扱うことは不可能だろう。

現代物理学の基本となる場の量子論は、古典的な原子論と全く異なる自然観に立脚する。それによると、何もない空っぽの真空——いわゆる〝虚空〟——は存在せず、あらゆる場所に物理現象の担い手となる場が存在する。しかも、個々の原子が独立して動き回る原子論とは異なり、場は広範囲にわたって協調的に振動することが可能である。

場が協調的な動きを見せるのは、場の振動が共鳴を起こすからである（場がどのように共鳴するかを理解するには、量子論の基礎知識が必要になるため、詳しく説明できない。「不確定性原理によって場の強度がぼやける」ことが関係するとだけ言っておく）。

共鳴とは、バスタブの水をバチャバチャとかき回したとき、しばらくすると、水全体が同じタイミングで動く定在波（同じ場所で上下するだけで進行しない波）に落ち着くような状況を指す。古典的な原子論の場合、それぞれの原子は、加えられた力に応じて独立に動く。これに対して、場が共鳴パターンを形成するときには、広い範囲で場が協調的に動いている。

場の量子論における共鳴パターンの簡単な例が、素粒子である。素粒子は粒子ではなく、場の振動が特定の共鳴状態となったものである。有名なアインシュタインの関係式$E=mc^2$は、エネルギーEが質量mと光速cの2乗の積に等しいというものだが、素粒子のケースでは、ある領域に閉じ込められた振動のエネルギーが、外部から見ると、その領域の質量に比例することを意味する。共鳴状態が持ち帰る最低のエネルギーは特定の値になるので、自然界に無数にある電子やクォークは、必然的にどれも同じ質量を持つ。

原子や分子も、場の共鳴状態と見なすことができる。ここでは、孤立した水素分子のケースを取り上げよう。電子1個と陽子1個が電気的な力で結合したものが水素原子で、水素分子は、2個の水素原子が結合したものである。水素原子同士を結合させる力は、正の電荷を持つ陽子の間に、負の電荷を持つ電子が入り込むことで生じる。

話を簡単にするため、本来の構成要素であるクォークや電子ではなく、水素原子そのものを波と見なすことにしよう（水素分子をクォークや電子のレベルから議論することは、素粒子論の専門家でも困難である）。また、2個の水素原子は、直線上しか動けないと仮定する。

量子論によると、分子の運動状態は波の形で表される。2個の水素原子が結合した水素分子の波は、二つに分割できる。水素分子の重心が並進運動することを表す進行波と、水素原子同士の結合状態を表す定在波である（**図7－5**）。結合状態を表す定在波は、原子の波が形作る共鳴パターンを表しており、最も安定な最低エネルギー状態の波形は、原子同士の間隔が特定の値になる近辺にピークを持つ。

分子が安定した状態にあることは、決まったピークを持つ定在波によって表される。分子は、まるで自立的な粒子のように振る舞うが、それは、定在波で表される状態が安定しており、簡単には変化しないからである。地球と月の場合、距離はほぼ一定であっても、それはたまたま月の

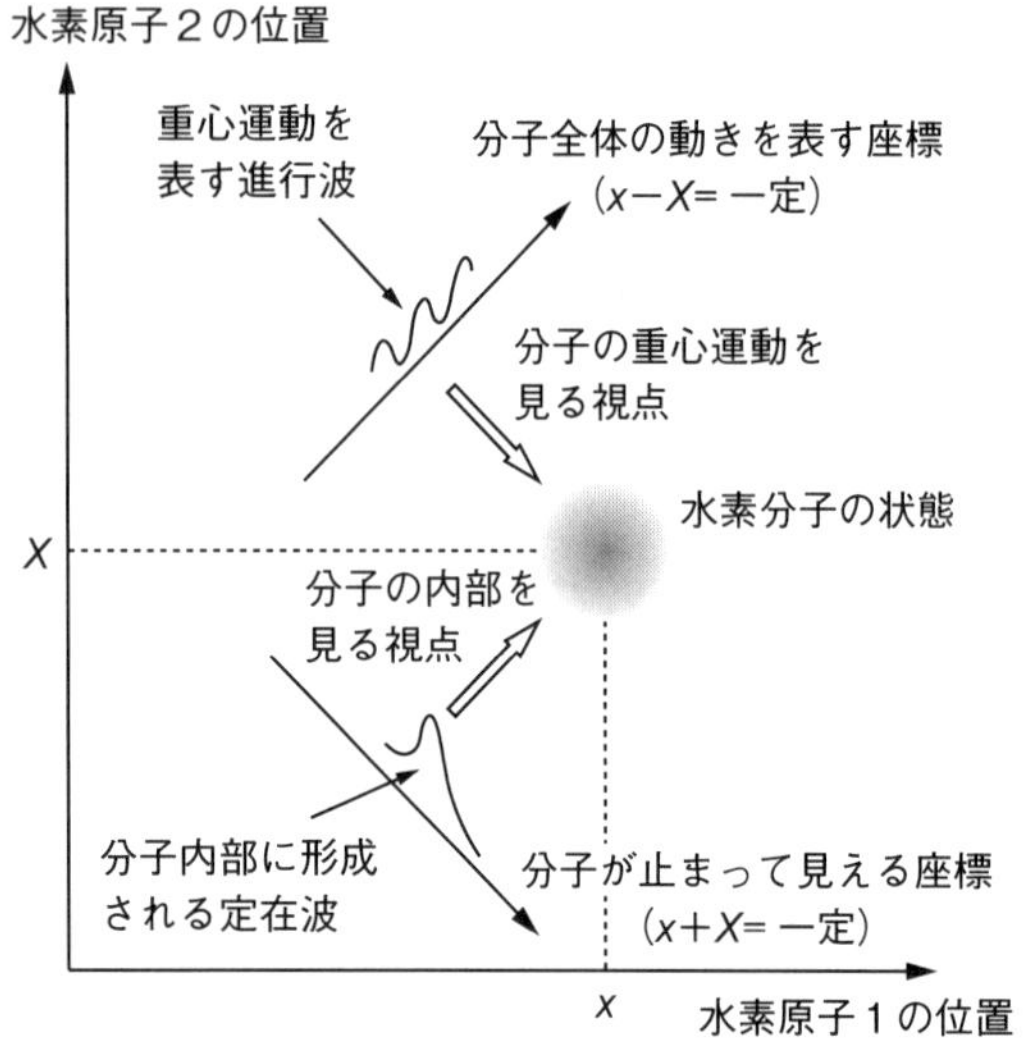

図7-5　水素分子の2つの波

軌道が円に近くなったというだけで、距離を一定にする格別なメカニズムがあるわけではない。しかし、水素分子の場合には、水素原子の間隔を特定の値にするような定在波が形成される。定在波ができたからこそ、水素分子は粒子というまとまりを持つ実体的なものになったと言えよう。

定在波の次元数にも注目してほしい。水素原子が直線上しか動けない場合、その位置座標は2個の原子あわせて二つだが、原子が縦・横・高さの3次元を動き回れるならば、位置座標の合計は6個になる。共鳴状態を表す定在波が形成されるのは、そのうち、原子間距離を表す一つの次元である。残りの五つの次元のうち、三つは重心の並進運動、二つは水素分子の回転運動を表す次元となる。

原子の個数が増えても、同じように考えることができる。炭素原子6個、水素原子6個が結合したベンゼン分子では、六つの炭素原子が正六角形の頂点に位置する。「正六角形になる」という性質は、単に、炭素原子がきれいに並んだというだけの現象ではない。正六角形になるように、原子核と電子の波が、共鳴パターンとなる定在波を形作った結果である。

原子論的な発想では、分子とは単に原子が並んだだけにすぎない。しかし、量子論によると、原子が動き回れる次元よりもはるかに〝狭い〟（次元数の小さな）空間に、定在波のピークが形成されたものが分子である。「分子は存在しない。現実に存在するのは並んだ原子だけだ」という考え方は誤りである。「特定のピークを持つ定在波」という実体が、分子の存在を表す。

原子の動き回る大きな次元数を持つ空間のごく狭い部分に、実体と言える波のピークが存在する——こうした状況を、「抽象的な高次の性質が、物理現象を通じて実体化された」と言っても、あながち誤りではあるまい。ベンゼン分子の「正六角形性」という抽象的な性質も、狭い空間に形成された波のピークという形で、物理的に存在する。

この見方は、もっと一般的なケースにも敷衍《ふえん》できるだろうか？　流体中の渦を考えてみよう。古典的な原子論では、「渦は存在しない。原子がらせん運動をしているだけだ」となる。しかし、原子やその構成要素である素粒子が量子論的な波であるとすると、渦に関わる全原子の状態を量子論的に記述した場合、渦に相当する波形のピークがどこかに現れるはずである。これを渦の実体と見なすことは、決しておかしな考えではないはずである。

ただし、渦を特定の大きさにするような相互作用があるわけではなく、回転速度や場所も安定しない。それゆえ、ピークを持つ波形は分子の場合ほど明瞭ではなく、曖昧になるだろう。

それでは、神経興奮はどうだろうか？　神経興奮に関わるニューロンやシナプスの素材は、量子効果によって一定の構造を保つタンパク質や脂質二重層などである。イオンを動かすイオンポンプはタンパク質によって形作られ、イオンの移送過程は量子効果そのものである。

神経興奮が、量子効果に基づく協同現象だとすると、協調的な動きをもたらす活動パターンは、原子の位置座標の総数に比べて遥かに小さな次元数を持つ空間内部に、特定のピークを持つ波形として姿を現すはずである。これを実体的なものとして意識の構成要素と見なせないかというのが、本章のベースとなったアイデアである。

本書を執筆するに当たって特に参考にしたのは、以下の著作である。

⑩　ニコリス／プリゴジーヌ『散逸構造』（岩波書店、1980）
⑪　イリヤ・プリゴジン『存在から発展へ』（みすず書房、2019）
⑫　勝木渥『環境の基礎理論』（海鳴社、1999）
⑬　スティーヴン・ホーキング『時間順序保護仮説』（NTT出版、1991）
⑭　ベンジャミン・リベット『マインド・タイム』（岩波書店、2005）
⑮　ディーン・ブオノマーノ『脳と時間』（森北出版、2018）

⑩と⑪はエントロピー研究の大家・プリゴジンの主著で、第4章全般、第6章末尾のコラムは、この2冊の内容を念頭に置いて執筆した。ただし、どちらも難解な専門書である。第4章後半で取り上げた環境中のエントロピーに関する議論は、⑫に触発されたもの。タイムパラドクスに関する最も刺激的な著作は、ブラックホール研究で名高いホーキングによる⑬だが、その内容は専門家にも難しい。⑭は準備電位に関する基礎文献、⑮は脳が時間をどう処理するかに関する総説である。

参考文献

本書で取り上げた話題に関して、もう少し詳しい議論を知りたい読者は、筆者による次の著作を参考にしていただきたい。

① 『完全独習　相対性理論』（講談社、2016）
② 『明解　量子宇宙論入門』（講談社、2013）
③ 『量子論はなぜわかりにくいのか』（技術評論社、2017）
④ 『素粒子論はなぜわかりにくいのか』（技術評論社、2014）
⑤ 『宇宙に「終わり」はあるのか』（講談社、2017）

相対論に関しては①で、量子論（特に、第5章で紹介した軌道の干渉や脱干渉）に関しては②〜④で、本書よりも掘り下げて説明した。また、第4章で述べたビッグバンの特殊性や天体の形成は、⑤に詳述してある。

本文中で取り上げたデータは、次の論文で報告されている。

⑥ 小竹昇ほか「原子時計運搬による重力赤方偏移の検出」通信総合研究所季報 Vol. 49, Nos. 1/2, p. 195, 2003（第1章）
⑦ 竹田洋一「重力赤方偏移と精密視線速度測定」天文月報 2013年9月号 p. 581（第1章）
⑧ C. W. Chou *et al.*, Optical Clocks and Relativity, *Science* Vol. 329 (2010), p. 1630（第2章）
⑨ F. A. Geldard and C. E. Sherrick, The Cutaneous “Rabbit”: A Perceptual Illusion, *Science* Vol. 178 (1972), p. 178（第7章）

［わ行］

索 引

[アルファベット]

[あ行]

[か行]

N.D.C.421.1　233p　18cm

ブルーバックス　B-2124

時間《じかん》はどこから来《き》て、なぜ流《なが》れるのか？
最新物理学が解く時空・宇宙・意識の「謎」

2020年1月20日　第1刷発行
2023年8月7日　第9刷発行

著者　吉田伸夫《よしだのぶお》
発行者　髙橋明男
発行所　株式会社講談社
〒112-8001 東京都文京区音羽2-12-21
電話　出版　03-5395-3524
販売　03-5395-4415
業務　03-5395-3615
印刷所　（本文印刷）株式会社ＫＰＳプロダクツ
（カバー表紙印刷）信毎書籍印刷株式会社
本文データ制作　講談社デジタル製作
製本所　株式会社国宝社

定価はカバーに表示してあります。

ISBN978−4−06−518463−9

発刊のことば

科学をあなたのポケットに

二十世紀最大の特色は、それが科学時代であるということです。科学は日に日に進歩を続け、止まるところを知りません。ひと昔前の夢物語もどんどん現実化しており、今やわれわれの生活のすべてが、科学によってゆり動かされているといっても過言ではないでしょう。

そのような背景を考えれば、学者や学生はもちろん、産業人も、セールスマンも、ジャーナリストも、家庭の主婦も、みんなが科学を知らなければ、時代の流れに逆らうことになるでしょう。

ブルーバックス発刊の意義と必然性はそこにあります。このシリーズは、読む人に科学的に物を考える習慣と、科学的に物を見る目を養っていただくことを最大の目標にしています。そのためには、単に原理や法則の解説に終始するのではなくて、政治や経済など、社会科学や人文科学にも関連させて、広い視野から問題を追究していきます。科学はむずかしいという先入観を改める表現と構成、それも類書にないブルーバックスの特色であると信じます。

一九六三年九月

野間省一

ブルーバックス　物理学関係書（I）

79 相対性理論の世界　J・A・コールマン　中村誠太郎＝訳
563 電磁波とはなにか　後藤尚久
584 10歳からの相対性理論　都筑卓司
733 紙ヒコーキで知る飛行の原理　小林昭夫
911 電気とはなにか　室岡義広
1012 量子力学が語る世界像　和田純夫
1084 図解　わかる電子回路　加藤　肇／見城尚志／高橋　久
1128 原子爆弾　山田克哉
1150 音のなんでも小事典　日本音響学会＝編
1174 消えた反物質　小林　誠
1205 クォーク　第2版　南部陽一郎
1251 心は量子で語れるか　ロジャー・ペンローズ／A・シモニー／N・カートライト／S・ホーキング　中村和幸＝訳
1259 光と電気のからくり　山田克哉
1310 「場」とはなんだろう　竹内　薫
1380 四次元の世界（新装版）　都筑卓司
1383 高校数学でわかるマクスウェル方程式　竹内　淳
1384 マックスウェルの悪魔（新装版）　都筑卓司
1385 不確定性原理（新装版）　都筑卓司
1390 熱とはなんだろう　竹内　薫
1391 ミトコンドリア・ミステリー　林　純一
1394 ニュートリノ天体物理学入門　小柴昌俊
1415 量子力学のからくり　山田克哉
1444 超ひも理論とはなにか　竹内　薫
1452 流れのふしぎ　石綿良三／根本光正＝著　日本機械学会＝編
1469 量子コンピュータ　竹内繁樹
1470 高校数学でわかるシュレディンガー方程式　竹内　淳
1483 新しい物性物理　伊達宗行
1487 ホーキング　虚時間の宇宙　竹内　薫
1509 新しい高校物理の教科書　山本明利／左巻健男＝編著
1569 電磁気学のABC（新装版）　福島　肇
1583 熱力学で理解する化学反応のしくみ　平山令明
1591 発展コラム式　中学理科の教科書　第1分野（物理・化学）　滝川洋二＝編
1605 マンガ　物理に強くなる　関口知彦＝原作　鈴木みそ＝漫画
1620 高校数学でわかるボルツマンの原理　竹内　淳
1638 プリンキピアを読む　和田純夫
1642 新・物理学事典　大槻義彦／大場一郎＝編
1648 量子テレポーテーション　古澤　明
1657 高校数学でわかるフーリエ変換　竹内　淳
1675 量子重力理論とはなにか　竹内　薫
1697 インフレーション宇宙論　佐藤勝彦

ブルーバックス　物理学関係書（II）

1701 光と色彩の科学　齋藤勝裕
1715 量子もつれとは何か　古澤　明
1716 「余剰次元」と逆二乗則の破れ　村田次郎
1720 傑作！　物理パズル50　ポール・G・ヒューイット＝作　松森靖夫＝編訳
1728 ゼロからわかるブラックホール　大須賀健
1731 宇宙は本当にひとつなのか　村山　斉
1738 物理数学の直観的方法（普及版）　長沼伸一郎
1776 現代素粒子物語　中嶋　彰／KEK（高エネルギー加速器研究機構）＝協力
1780 オリンピックに勝つ物理学　望月　修
1799 宇宙になぜ我々が存在するのか　村山　斉
1803 高校数学でわかる相対性理論　竹内　淳
1815 大人のための高校物理復習帳　桑子　研
1827 大栗先生の超弦理論入門　大栗博司
1836 真空のからくり　山田克哉
1860 発展コラム式　中学理科の教科書　改訂版　物理・化学編　滝川洋二＝編
1867 高校数学でわかる流体力学　竹内　淳
1871 アンテナの仕組み　小暮裕明　小暮芳江
1894 エントロピーをめぐる冒険　鈴木　炎
1905 あっと驚く科学の数字　数から科学を読む研究会
1912 マンガ　おはなし物理学史　小山慶太＝原作　佐々木ケン＝漫画

1924 謎解き・津波と波浪の物理　保坂直紀
1930 光と重力　ニュートンとアインシュタインが考えたこと　小山慶太
1932 天野先生の「青色LEDの世界」　天野　浩／福田大展
1937 輪廻する宇宙　横山順一
1940 すごいぞ！　身のまわりの表面科学　日本表面科学会
1960 超対称性理論とは何か　小林富雄
1961 曲線の秘密　松下泰雄
1970 高校数学でわかる光とレンズ　竹内　淳
1981 宇宙は「もつれ」でできている　ルイーザ・ギルダー　山田克哉＝監訳　窪田恭子＝訳
1982 光と電磁気　ファラデーとマクスウェルが考えたこと　小山慶太
1983 重力波とはなにか　安東正樹
1986 ひとりで学べる電磁気学　中山正敏
2019 時空のからくり　山田克哉
2027 重力波で見える宇宙のはじまり　ピエール・ビネトリュイ　安東正樹＝監訳　岡田好恵＝訳
2031 時間とはなんだろう　松浦　壮
2032 佐藤文隆先生の量子論　佐藤文隆
2040 ペンローズのねじれた四次元　増補新版　竹内　薫
2048 $E=mc^2$ のからくり　山田克哉
2056 新しい1キログラムの測り方　臼田　孝

ブルーバックス　物理学関係書（III）

ブルーバックス　宇宙・天文関係書

1394 ニュートリノ天体物理学入門　小柴昌俊
1487 ホーキング　虚時間の宇宙　竹内　薫
1592 発展コラム式　中学理科の教科書　第2分野（生物・地球・宇宙）　石渡正志／滝川洋二＝編
1697 インフレーション宇宙論　佐藤勝彦
1728 ゼロからわかるブラックホール　大須賀　健
1731 宇宙は本当にひとつなのか　村山　斉
1762 完全図解　宇宙手帳　渡辺勝巳／JAXA（宇宙航空研究開発機構）＝協力
1799 宇宙になぜ我々が存在するのか　村山　斉
1806 新・天文学事典　谷口義明＝監修
1861 発展コラム式　中学理科の教科書　改訂版　生物・地球・宇宙編　石渡正志／滝川洋二＝編
1887 小惑星探査機「はやぶさ2」の大挑戦　山根一眞
1905 あっと驚く科学の数字　数から科学を読む研究会
1937 輪廻する宇宙　横山順一
1961 曲線の秘密　松下泰雄
1971 へんな星たち　鳴沢真也
1981 宇宙は「もつれ」でできている　ルイーザ・ギルダー／山田克哉＝監訳／窪田恭子＝訳
2006 宇宙に「終わり」はあるのか　吉田伸夫
2011 巨大ブラックホールの謎　本間希樹
2027 重力波で見える宇宙のはじまり　ピエール・ビネトリュイ／安東正樹＝監訳／岡田好恵＝訳
2066 宇宙の「果て」になにがあるのか　戸谷友則
2084 不自然な宇宙　須藤　靖
2124 時間はどこから来て、なぜ流れるのか？　吉田伸夫
2128 地球は特別な惑星か？　成田憲保
2140 宇宙の始まりに何が起きたのか　杉山　直
2150 連星からみた宇宙　鳴沢真也
2155 見えない宇宙の正体　鈴木洋一郎
2167 三体問題　浅田秀樹
2175 爆発する宇宙　戸谷友則
2176 宇宙人と出会う前に読む本　高水裕一
2187 マルチメッセンジャー天文学が捉えた新しい宇宙の姿　田中雅臣